MAGICAL
CHEMISTRY

U0325587

神秘化学世界

经典化学
趣味实验

徐冬梅◎主编

北方妇女儿童出版社

版权所有　侵权必究

图书在版编目（CIP）数据

经典化学趣味实验 / 徐东梅主编 . — 长春：
北方妇女儿童出版社，2012.11（2021.3 重印）
（神秘化学世界）
ISBN 978 - 7 - 5385 - 6895 - 0

Ⅰ . ①经… Ⅱ . ①徐… Ⅲ . ①化学实验 – 青年读物②
化学实验 – 少年读物 Ⅳ . ①O6 – 33

中国版本图书馆 CIP 数据核字（2012）第 228872 号

经典化学趣味实验
JINGDIAN HUAXUE QUWEI SHIYAN

出 版 人	李文学	
责任编辑	赵　凯	
装帧设计	王　璿	
开　　本	720mm×1000mm　1/16	
印　　张	12	
字　　数	140 千字	
版　　次	2012 年 11 月第 1 版	
印　　次	2021 年 3 月第 3 次印刷	
印　　刷	汇昌印刷（天津）有限公司	
出　　版	北方妇女儿童出版社	
发　　行	北方妇女儿童出版社	
地　　址	长春市福祉大路 5788 号	
电　　话	总编办：0431–81629600	
定　　价	23.80 元	

前 言
PREFACE

    实验是自然科学研究的基本方法之一，是根据科学研究的目的，尽可能地排除外界的影响，突出主要因素并利用一些专门的仪器设备，而人为地控制或模拟研究对象，使某一些事物（或过程）发生或再现，从而去认识自然现象、自然性质、自然规律。作为一门自然学科，化学理所当然也在这个范畴之内。

    化学是一门以实验为基础的科学，它的形成和发展与实验息息相关，许多重大发明发现就是建立在化学实验的基础上。化学实验既是传授化学知识的基本手段，又是传授操作技能的重要途径。它为人们提供了亲眼可见的千变万化的实验现象，满足了人们的好奇心和求知欲，更为重要的是许多化学知识如果只能从理论上获得认识，那必将是浅显的、抽象的，正所谓"千言万语说不清，一做实验能分明"，很多化学实验现象能一目了然地展现出物质的各种性质，有利于人们加深对事物的理解，加快其认识物质及其规律的进程。

    在种类繁多的化学实验中，有一些化学实验饶有趣味，视觉冲击力极强，它们或者悄然发生燃烧，或者猛然发生爆炸，或者魔幻般地出乎人们的意料之外，"无"中生有，缔造出一个奇异的"世界"，神奇之极。比如，借助一个干净透明的玻璃缸，一些清水，一些硅酸钠晶体，几粒硫酸铜、硫酸镍、硫酸锌等晶体，十几分钟就缔造出一个五彩缤纷、绚丽多彩的水下植物王国：蓝色的枝条、翠绿色的"海带"、棕红色的"珊瑚礁"、玻璃状无色半透明的"海草"等，再加上清水、沙砾，就是一个美丽的水下植物王国，这一切就是化学变化的功能，是化学实验带给我们的奇迹。

本书选列了一些化学中的趣味实验，这些趣味化学实验非常具有典型性，也具有很强的可操作性，感兴趣的读者不妨一试，亲身感受一下化学实验的无穷魅力。（温馨提示：一定要按规程操作，千万注意安全哟！）

目 录

燃烧爆炸实验

魔幻实验

其他趣味实验

化学实验用品

测定实验

>>>>>

　　获得某一物质的物理或化学特征数据信息的方法，或这种方法的执行过程即为测定。化学测定实验属于分析化学的范畴，是通过实验来确定待测对象诸如质量、极限、酸碱度、时间、温度、体积、浓度等特征数据信息，进而确定物质或材料中某些化学组分的含量或结构等情况。

▉▉ 氢气爆炸极限的简易测定

【实验用品】

试管架、试管（7 支）、启普发生器、水槽、酒精灯。

【实验步骤】

　　把 7 支大小相同的试管都用橡皮圈标出 10 等分刻度，在各试管分别装入水的体积份数为 9、8、7、5、3、1、0.5。然后倒插进水槽中，用排水法小心地分别通入氢气，直至试管内的水刚好排尽。将得到的氢气与空气的混和气体做爆鸣实验。实验过程、内容、现象需做记录。

【实验分析】

　　以往的经验给我们留下一个错误印象，认为点燃氢气时，只要发出轻微的"噗"声，且能安静燃烧，这种氢气就一定是纯氢气。本实验表明，实验记录中所列的氢气都是不纯的，但当氢气在空气中的体积百分比高于70%时，氢气可以持续安静地燃烧而不发生爆炸。氢气的体积百分比下降到5%以下时，也不能发生爆鸣和燃烧。而氢气的体积在10%～70%之间点燃时，则有爆炸的危险。特别是氢气的体积含量在30%时，氢气与空气中氧气的体积比大约为2∶1，恰好能反应完全，因而点燃时有猛烈爆炸的危险（发出最尖锐的爆鸣声）。这就从实验的角度揭示了氢气与空气的爆鸣和爆炸极限的概念。

一般习惯上把高于爆炸极限的氢气，能点燃而不爆炸，视为纯净氢气。

知识点

酒 精 灯

酒精灯是以酒精为燃料的加热工具，用于加热物体。酒精灯由灯体、灯芯管和灯帽组成。酒精灯的加热温度400℃～500℃，适用于温度不需太高的实验，特别是在没有煤气设备时经常使用。正常使用的酒精灯火焰分为焰心、内焰和外焰3部分。酒精灯火焰温度的高低顺序为：外焰＞内焰＞焰心。一般认为酒精灯的外焰温度最高，其原因是酒精蒸气在外焰燃烧最充分；同时由于外焰与外界大气充分接触，燃烧时与环境的能量交换最容易，热量散失最多，致使外焰温度高于内焰。

延伸阅读

排 水 法

排水法又叫排水集气法，是收集气体的一种常用的方法。方法是：先将集气瓶装满水，用玻璃片盖住瓶口，然后倒立在水槽中。当导管口有气泡连续、均匀地放出时，再把导管口伸入盛满水的集气瓶里，当看到有气泡从集气瓶口外沿冒出后（即收集满一瓶气体），在水里用玻璃片盖住瓶口，把集气瓶移出水面，正放或倒放在桌面上。

生锈与含氧量测量

铜是最早被人类利用的金属，这是因为它的化学性质比较稳定，不容易和其他物质发生化学反应。反过来说，铜的化合物比较容易还原为金属的铜，所以炼铜一般要比炼铁容易一些。

铜虽然不易氧化，但在空气中时间久了，仍能氧化成一层铜的氧化物。在潮湿而且含有二氧化碳或硫化氢的空气中，也会生锈。铜锈的主要成分是绿色的碱式碳酸铜或黑色的氧化铜、硫化铜等。

铜锈可以用机械摩擦的方法来去除。古时候，铜镜变暗了，经常要打磨，就是这个道理。不过，摩擦太麻烦，而且会损害铜器的表面。简易可行的除锈办法，还是靠化学药剂来实现。例如，盐酸、醋酸等非氧化性的酸或氨水、铵盐的水溶液，这些药剂都只与铜锈反应，而不与铜发生反应，所以在去锈的时候，能够完全不伤害铜器。

生锈的铜镜

取两块有锈的铜（如果铜片没有生锈，只要把它放在火焰上灼烧，那么在它的表面上就会生成一层铜的氧化物），其中一块用蘸有醋（或者在2毫升的水中加入2~3滴盐酸）的棉花擦洗，另一块用蘸有氨水（1体积浓氨水用2体积水稀释）或硫酸铵溶液的棉花擦洗。不久，铜锈都从铜器表面上除去了，而棉花却沾上了蓝色。

铜锈去除的原因是由于铜锈与醋酸（或盐酸）发生反应，生成能溶于水的蓝色铜盐（醋酸铜或氯化铜），而和氨水或硫酸铵的水溶液作用的时候，生成的是能溶于水的铜氨化合物，如碳酸铜氨、硫酸铜氨等。这些产物都被棉花揩抹去了，因此铜器重新露出光亮的表面。

如果在氨或铵盐的水溶液中掺进一些白垩粉或浮石粉，就可以提高氨或铵盐的除锈能力。因为加入这些粉末能增加机械摩擦的作用，有助于除去反应所生成的铜盐，使铜锈的内部充分暴露出来，保证了铜锈和氨水能完全地起反应，生成铜氨化合物。另外，粉末也有利于使铜器表面光滑明亮。

自然界的铜主要是以硫化铜和氧化铜的形式存在。绝大多数铜矿含铜

锈渍斑斑的铜锈

量都在 2% 以下。由于铜矿含铜量低，往往造成冶炼上的麻烦，冶炼费用也必然相应增高。后来人们发现，铜的化合物可以溶解在氨水里，而且铜矿中的杂质主要是铁的硫化物和氧化物，或者是硅、铝、钙等的氧化物，它们都是不溶于氨水的。因此，只要把铜矿粉浸在氨水中（为了防止氨变为气体逃逸，在氨水里还溶有二氧化碳，使一部分氨成为碳酸铵减少氨水中的含氨量，使氨不易挥发），所得到的澄清液就是比较纯净的铜氨化合物溶液。然后将这个溶液送到蒸发锅里加热，铜氨化合物重新分解，放出氨气和二氧化碳，留在锅内的，便是纯度相当高的氧化铜。这种氧化铜再用炭来还原，便可得到金属铜。而分解出来的氨和二氧化碳还可以重新溶在水里循环使用，不会有很大损失。这种提炼方法，非常适用于从贫矿中提炼铜，所以应用日渐广泛。

这种冶炼方法也可以这样进行：在地质条件和经济条件合适的情况下，只要钻一些深井直通铜矿，然后用一根管子把氨水灌进去，使氨水和铜矿发生反应，生成铜氨化合物的溶液，再从另一根管子流出来。因为这种方法不需要工人到地下采挖，能减轻劳动强度、改善劳动条件、节省开采费用，同时也有利于进行大规模的和连续的生产。

由于铜有较稳定的氧化性，因此我们可以通过铜的这一特性来测量空气中氧气的含量。

【实验用品】

注射器（50 毫升）、酒精灯、玻璃管、橡皮管、细铜丝。

【实验步骤】

（1）把长约 2 厘米的一束细铜丝装进一根长 5～6 厘米的普通玻璃管中间，两端用两节橡皮管分别跟两只注射器（让一只注射器留出 50 毫升空气，另一只注射器不留空气）连接起来，使之成为一个密闭系统。推动注射器活塞，空气可以通过装铜丝的玻璃管在两只注射器间来回传送，不会泄漏。

（2）给装有细铜丝的玻璃管加热，待铜丝的温度升高以后，交替地缓缓推动两只注射器的活塞，使空气在热的铜丝上来回流动。经过 5~6 个来回，空气里的氧气就可以全部与铜化合。

（3）停止加热，冷至室温，读出残留在注射器里的气体体积。减少的体积即为 50 毫升空气中所含氧气的体积。由此可以推算出空气中氧气的体积百分比。

【实验分析】

（1）注射器不宜太小。注射器内留的空气亦不宜太少。空气留得多，体积变化量大，用于演示时的能见度大。

（2）经过实验，玻璃管里的铜丝已被氧化，最好更换新铜丝。也可取出，将黑色铜丝放在酒精灯上烧呈红热，即刻投入少量酒精中，使之还原为紫红色铜丝再用。

另一种日常生活中常见的金属——铁，在空气中也能被氧化生锈，利用这一性质，在空气中测量氧气的含量。看下面的实验：

【实验用品】

小试管、带有细玻璃导管的橡皮塞、250 毫升广口瓶、新制铁屑少许、水。

【实验步骤】

（1）把少量用水（水中可加一些醋酸）浸湿的铁屑放在一个小试管内，用带有细玻璃导管的橡皮塞塞紧。把露在试管外面的细玻璃管插入盛水的广口瓶中。

（2）每天观察铁屑表面生锈的情况及水面逐渐上升的高度。

【实验分析】

在充满空气的密闭容器中，铁生锈时要消耗氧气，使密闭容器内气体压强低于容器外的大气压强，水即被吸入容器。根据流进容器内的水的体积，可测定空气中氧气的含量。

本实验所需时间较长，铁屑生

铁 锈

锈大约在 2~3 天后可能出现。氧气绝大部分被消耗则需更长时间。

实验中要注意：

（1）单孔橡皮塞上的玻璃导管的内径越细越好，露出广口瓶水面之外的部分越短越好。

（2）橡皮塞一定要塞紧，装置的气密性好坏是实验成败的关键。

（3）铁屑应先分别用碱、酸液除去表面的油和锈。

（4）水中加些醋酸，使水中 H^+ 增多，铁屑表面形成一层电解质溶液的薄膜，会促进铁屑被腐蚀。

（5）如果先用稀硫酸或稀盐酸洗净铁屑表面的铁锈后，再用浓食盐水泡浸处理，由于氯离子的作用，将会加速铁的缓慢氧化速度。

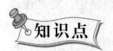

知识点

铜　锈

铜锈又名孔雀石、铜绿，自然形成的是一种名贵的矿物宝石，学名叫碱式碳酸铜，属于碱式碳酸盐，是盐的一种。铜锈是铜与空气中的氧气、二氧化碳和水等物质反应产生的物质。在空气中加热会分解为氧化铜、水和二氧化碳。铜锈可用于颜料、杀虫灭菌剂和信号弹制作等。

延伸阅读

化学药剂的作用

化学药剂指对细菌有抑制作用的药剂。化学药剂可以抑制或杀死微生物，因而被用于微生物生长的控制。依作用性质可将化学药剂分杀菌剂和抑菌剂。杀菌剂是能破坏细菌代谢机能并有致死作用的化学药剂，如重金属离子和某些强氧化剂等。抑菌剂并不破坏细菌的原生质，而只是阻抑新细胞物质的合成，使细菌不能增殖。化学杀菌剂主要用于抑制或杀灭物体表面、器械、排泄物和周围环境中的微生物，有的也用于食品、饮料、药品的防腐作用。

二氧化碳的测定

日常生活经验告诉我们：液体可以任意倾倒或舀取。可是大家也许不知道，有些气体也可以像液体一样倾倒和舀取哩！

在一个细口瓶中放十几粒大理石（它的主要成分是碳酸钙），再加一些浓度在10%左右的稀盐酸（足够浸没大理石即可），瓶里就有二氧化碳气泡产生。用一个附有弯玻璃管的软木塞塞紧瓶口，通过玻璃管把二氧化碳气体收集在大茶杯里。气体是否集满，可以用一根点燃着的火柴放在茶杯口试一下，如果火柴熄灭了，说明二氧化碳气体已经集满。然后最好用一块硬纸板或玻片把茶杯盖住。

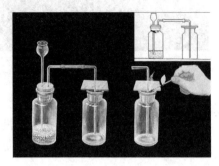

制取二氧化碳

另外准备1个茶杯，茶杯里放一根点燃的小蜡烛，然后把收集在茶杯里的二氧化碳像倒水那样倒到茶杯中，可以看到杯里的烛火慢慢地熄灭了。

这个实验还可以这样做：

在一只茶杯中点着一支小蜡烛，取一个直径比较大的漏斗。通过漏斗将二氧化碳气体倒进茶杯里，也可以看到火焰逐渐熄灭。

如果你有兴趣的话，还可以拿一只小茶杯或者较深的酒盅从盛满二氧化碳气体的大茶杯中舀取一杯，然后倾倒在烛焰上，火焰也会熄灭。

二氧化碳之所以能倾倒，主要是因为二氧化碳的密度为1.977克/升，比空气重1.53倍。因此，在上述的两个实验中，二氧化碳可以像液体一样在空气里从一个容器里倒入另一个容器中。在倾倒的过程中，二氧化碳会慢慢地处于空气的下方，覆盖到烛火的上方，使得烛火与空气隔绝，直至烛火慢慢熄灭。

二氧化碳可以用来灭火，因为它是不能燃烧也不能支持燃烧的气体，同时它的密度比空气大得多，容易下沉而浮罩在燃烧着的物体上，使空气和燃烧物隔离。实验中的蜡烛，就是由于缺少了空气，不能继续燃烧而熄灭的。

二氧化碳可以说是无处不在。有的时候，你能感觉的到它的存在；而有的时候，它可以在不知不觉中，要了你的性命。在一些山洞、深井或地窖里，

排放到大气中的二氧化碳

也有不少的二氧化碳气体存在，人们误入其中，特别是弯下身或蹲下来时，便有窒息而死的可能。

我们可以做出这么个假设，如果空气是完全静止的，那么处于底层的绝对是高密度的气体，包括二氧化碳。但实际空气是流动的，所以大致是均匀分布的。曾经在南美洲的一个山谷中出现这样的事情，小动物进去就死掉。科学家研究发现，山谷地形特殊，空气流动性差，处于山谷底部 20 厘米左右的空间内，二氧化碳浓度非常高，人走进去，没有太大问题，小动物全部浸没在二氧化碳中，走不了两步就会因为窒息而死亡。

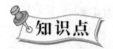

知识点

二氧化碳

二氧化碳是空气中常见的化合物，常温下是一种无色无味气体，密度比空气略大，能溶于水，并生成碳酸。液态二氧化碳蒸发时会吸收大量的热，当它放出大量的热气时，则会凝成固体二氧化碳，俗称干冰。二氧化碳是绿色植物光合作用不可缺少的原料，温室中常用二氧化碳做肥料。气体二氧化碳主要用于制碱工业、制糖工业，并用于钢铸件的淬火和铅白的制造等。

延伸阅读

测量二氧化碳的存在

关于如何探测深井等地方是否存在二氧化碳，我国古代的劳动人民积有极丰富的经验。譬如往井内丢一块小木片，如果木片下落很快，表明井中没有二氧化碳；如果木片下落很慢，证明井内一定有二氧化碳。因为二氧化碳比空气重，浮力也相应地大些，所以木片下落就比较慢。再如进山洞或地窖的时候，最好点一根火把或者蜡烛。如果火把或者蜡烛熄灭了，说明里面有大量的二氧化碳，应设法把它驱走后，方才可以进去。

在以下生产过程中容易发生二氧化碳中毒：长期不开放的各种矿井、油井、船舱底部及水道等；利用植物发酵制糖、酿酒，用玉米制造丙酮等生产过程；在不通风的地窖和密闭的仓库中储藏水果、谷物等产生的高浓度二氧化碳；灌装及使用二氧化碳灭火器；亚弧焊作业等。二氧化碳急性中毒主要表现为昏迷、反射消失、瞳孔放大或缩小、大小便失禁、呕吐等，更严重者还可出现休克及呼吸停止等。如要进入含有高浓度二氧化碳的场所，应该先进行通风排气，通风管应该放到底层；或者戴上能供给新鲜空气或氧气的呼吸器，才能进入。

■■■ 烟火与金属判定

节日的夜晚，为了欢度佳节，人们燃放各种焰火，形式多样，颜色各异，五彩缤纷，光耀夺目，给节日增添了愉快而热烈的气氛。

那么，焰火为什么会有各种各样的颜色呢？原来焰火的各种颜色是与焰火的组成中含有不同金属盐类有关。这些盐类的金属离子具有不同的结构和电子排列，在较高的温度下，金属离子的核外电子，各自在获得所需的能量后，能从原来的轨道跳到更远的轨道上，这种现象叫"激发"。当处于不同激发状态的电子恢复到原来状态时，就以

五彩焰火

不同波长的光波把能量放出。由于各种金属盐发射出来的光线的波长不同，所以光的颜色也不同。在可见光范围内，波长最长的是红光，其次是橙、黄、绿、青和蓝光，波长最短的是紫光。例如锶盐能发出红光，波长比较长；钠盐发出黄光，波长就比较短；钡盐发出绿光，波长更短；钾盐发出紫光比钡盐的波长还要短一些。焰火就是利用各种不同的金属盐类，在灼热时能发出不同颜色光芒的原理制成的。

为了保证各种焰火既要容易着火，又要避免在制造时发生燃烧或者爆

炸事故，所以必须在注意保持焰火干燥的同时，一定要严格遵守这个操作顺序：各种金属盐分别研成粉末后，再进行混合。如果混合后再研磨，摩擦所放出的热就可能使焰火着火燃烧，发生事故。

药料配制完毕，立即放在毛边纸或草纸上卷紧，然后用线扎牢，挂在细长的木棒或竹竿上。手持木棒，点燃纸卷下方引线，待研磨好的药料烧着时，便会发出各种色彩的灿烂光芒。

如果只用一组药料，配成的只是单色焰火。如根据需要选择各组单色焰火的药料进行混合，就能得到五彩绚丽的焰火。

在节日所见到的那种大型焰火，是由专门的发射装置将它送到空中去的。

各种金属盐类灼热时发出的光，不仅在制造瑰丽的焰火时要用到，人们还把它们装在子弹或炮弹里，制成红、绿、黄、白等颜色的信号弹。

在化学实验室里，人们还经常利用各种矿物灼烧时所发出的不同颜色的火焰，来判断矿石里到底含有些什么金属。

【实验用品】

氯酸钾、硫粉、木炭粉、硝酸锶、硝酸钡、镁粉、蔗糖、细铁粉、硝酸钠、浓硫酸。

【实验步骤】

（1）红色焰火的制作：氯酸钾 4 份、硫粉 11 份、木炭粉 2 份、硝酸锶 33 份，分别研碎混和后用纸卷紧，外边用麻线扎紧，装好点燃引线（引线用氯酸钾和白糖的混和物用薄绵纸卷成，放在上述混和物一端共同卷紧）。将卷好的焰火挂在木棍上，点燃即可显出红色焰火。

（2）绿色焰火的制作：氯酸钾 9 份、硫粉 10 份、硝酸钡 31 份，分别研碎按上述方法制成，点燃后可发出绿色火焰。

（3）蓝色焰火的制作：氯酸钾 7 份、硫粉 5 份、硝酸钾 7 份、蔗糖 2份。分别研碎按上述方法制成，点燃后可发出蓝色火焰。

【实验分析】

Sr^{2+} 的焰色反应为深红色。硫粉、木炭粉燃烧产生高温使氯酸钾分解产生氧气和二氧化碳，也使硝酸锶受热分解，发出深红色随气体喷射而形成红色火焰四处飞溅。

【实验注意】

（1）上述各种药品必须分开研碎。

（2）混和各药品时动作要轻，用纸卷紧时也必须小心。

（3）点燃时要注意附近不能有易燃物品。

盐　类

在化学中，盐类是指酸和碱中和后的产物，常见的盐类分为正盐、酸式盐和碱式盐。正盐是指酸与碱完全中和的产物，只由金属离子和酸根离子构成的化合物。酸式盐是指由金属离子、H 离子和酸根离子构成的化合物。碱式盐是指由金属离子、OH 根离子和酸根离子构成的化合物。

冷焰火

冷焰火就是采用燃点较低的金属粉末，经过一定比例加工而成的冷光无烟焰火。冷焰火与传统的烟花相比，有着烟雾小、焰温低（燃点在60℃~80℃，外部温度30℃~50℃），气味轻等特点，并在燃放时有光、有火、有焰花飞舞，能产生鲜艳夺目的烟花，且不会爆炸、不产生灼热的残渣、危险性低等优点，越来越得到消费者的表睐，现广泛应用于舞台、婚礼、开业庆典等场合。

土壤酸碱度测定

【实验用品】

分析天平（或物理天平代替）、白磁板、研钵、容量瓶、吸量管、药匙、滴管、玻璃棒、溴甲酚绿、溴甲酚紫、甲酚红、百里酚蓝、氢氧化钠溶液、精密 pH 试纸、广泛 pH 试纸。

【实验步骤】

（1）混合指示剂的配制：pH4～8 混合指示剂：称取等量（0.025 克）溴甲酚绿、溴甲酚紫和甲酚红 3 种指示剂，放在研钵中，加 1.5ml 0.1mol/L 氢氧化钠溶液和 5ml 蒸馏水，共同研匀。然后移入容量瓶，用蒸馏水稀释至 100ml。

pH7～9 混合指示剂：称取等量的（0.025 克）甲酚红和百里酚蓝放在研钵中，加入 0.1mol/L 氢氧化钠溶液 1.2ml，共同研匀，移入容量瓶用蒸馏水稀释至 100ml。

（2）土壤酸碱度的测定：取黄豆大小的土样置于白磁板的空穴中，加蒸馏水一滴，再加混合指示剂 3～5 滴，以能湿润土壤而稍有余为度，用小玻棒充分搅拌。静置澄清后，倾侧磁板，观察溶液颜色，根据下表判断土壤 pH 值。

pH 为 4～8 合指示剂的颜色混如下：

pH 值	4.0	4.5	5.0	5.5	6.0	6.5	7.0	8.8
颜 色	黄	绿黄	黄绿	草绿	灰绿	灰蓝	蓝紫	紫

测定石灰性土壤可根据 pH7～9 的混合指示剂测试的情况来判断，它的颜色如下：

pH 值	7	8	9
颜 色	黄	棕红	紫

若无上述条件，亦可用 pH 试纸测定。

【实验分析】

利用指示剂在不同 pH 值的溶液中显示不同颜色的特性，可根据指示剂显示的颜色确定溶液的 pH 值。

知识点

pH 值

pH值的正式名称是氢离子浓度指数，是指溶液中氢离子的总数和总物质的量的比。通俗地说，pH值表示溶液酸性或碱性程度的数值。氢离子浓度指数一般在0～14之间，当它为7时溶液呈中性，小于7时呈酸性。数值越小，酸性越强；大于7时呈碱性，数值越大，碱性越强。

延伸阅读

分析天平的使用注意事项

分析天平是比台秤更为精确的称量仪器，可精确称量至0.0001克（即0.1毫克）以上。分析天平类型多种多样，但其原理与使用方法基本相同。使用分析天平需要注意：（1）动作要缓而轻，升降旋枢缓慢打开且开至最大位置，慢慢转动圈码，防止圈码脱落或错位。（2）称量物不能直接放在称量盘内，根据称量物的不同性质，可放在纸片、表面皿或称量瓶内。不能称超过天平最大载重量的物体。

制 取 实 验

>>>>>

通过化学反应从某种物质中提取你所需的物质即为化学制取实验。化学制取实验是非常常见而饶有趣味的一类实验。如从海带中可以制取非常重要的非金属元素碘；从废弃的定影液中可以制取贵金属银。以柠檬酸和碳酸氢钠反应产生（制取出）二氧化碳，代替生产汽水时向水中压入二氧化碳的工艺，可以自制少量冷饮。

简易制氢

【实验用品】

大试管（或具支试管）、长颈漏斗、直角弯管、双孔橡皮塞（或单孔橡皮塞）、塑料垫片、乳胶管、烧杯、弹簧夹，盐酸（或硫酸）、锌粒（洗净的废电池上的锌皮亦可）。

【实验步骤】

（1）简易氢气发生器取 25 毫米 × 180 毫米大试管，配上双孔橡皮塞（如用具支试管，则用单孔橡皮塞）。橡皮塞一孔中插长颈漏斗，另一孔中插进直角弯管（具支试管则不需直角弯管）。

（2）剪一圆形垫片，直径比试管内径稍小，中间打一个孔，穿到长颈漏斗下方的玻管上、离其管口约2~3厘米处。然后在圆形垫片四周剪两三个锯齿洞。直角弯管（或具支试管支管）上接乳胶管，乳胶管上夹一弹簧夹即成。

（3）氢气制取拔出双孔橡皮塞，但不要全部拿出，让圆形垫片仍保留在试管的中上部位置。将试管平放，从试管口放入大小适中的锌粒（或废干电池的锌片）若干。把试管竖直，塞紧橡皮塞，锌粒正好落在圆垫片上。

（4）打开弹簧夹，从漏斗口注入1:1的盐酸（或1:4硫酸）至刚好与垫片上的锌粒接触到为止。锌与酸液激烈反应，生成大量氢气由导管导出，以排水集气法收集。如收集不及，可夹牢乳胶管，氢气压力把试管中的酸液从试管底压进长颈漏斗，酸液液面降至圆形垫片以下，锌粒不再与酸接触，反应就渐渐停止。如再收集，可打开弹簧夹，外界气压把长颈漏斗中的酸液又压进试管，反应继续发生。

【实验分析】

此简易装置和气体发生器一样，可控制使用。但有两点要注意，一是圆形垫片中间的孔要小，使其和长颈漏斗的玻管间有足够的摩擦力，不致滑动；二是长颈漏斗下方玻管一定要插到试管底部。

知识点

具支试管

具支试管是在普通的试管的基础上安一个支管，一个密封的具支试管相当于一个有单孔塞的普通试管，可以进行洗气，还可以组装简易的启普发生器。

延伸阅读

强酸、弱酸

电离时生成的阳离子全部是氢离子的化合物称之为酸，这类物质大部分易溶于水中，少部分难溶于水。部分酸在水中以分子的形式存在，不导电；部分酸在水中离解为正负离子，可导电。根据酸在水溶液中电离度的大小，可将酸分为强酸和弱酸，一般认为，强酸在水溶液中完全电离，如盐酸、硝酸；弱酸在水溶液中部分电离，如乙酸、碳酸。

■■■ 从海带中提取碘

【实验用品】

天平、三脚架、泥三角、坩埚、坩埚钳、铁架台（带铁圈）、漏斗、酒精喷灯、烧杯、试管、玻棒、滴管、蒸发皿；干海带、氯水、四氯化碳。

灼烧海带

【实验步骤】

（1）将食用的干海带，用刷子刷去表面的附着物（不用水洗），称取 1 克切成细丝，放入铁坩埚或瓷坩埚中，置于三脚架上的泥三角中央，用酒精喷灯高温灼烧，使海带全部烧成黑色灰状物。

（2）待海带灰冷至室温后，移入小烧杯中，加蒸馏水 5 毫升，搅拌使其溶解，过滤。

（3）将滤液移入试管中，逐滴加入新制饱和氯水至滤液由无色变为棕黄色为止（约滴入氯水 2~4 滴）。然后加入 1 毫升四氯化碳，振荡后静置，可见四氯化碳层显紫色。

（4）用试管小心吸出碘的四氯化碳溶液于蒸发皿中，在室温条件下置于通风橱内将溶剂蒸发，即得少量固体碘。

【实验分析】

灼烧海带除去其中的有机物，其灰的滤液中含有碘离子（I^-），加入氯水后发生下列反应。

$$Cl_2 + 2I^- = I_2 \downarrow + 2Cl^-$$

析出的单质碘，用四氯化碳萃取。

实验中要注意：

（1）海带灼烧若不完全，其灰的滤液不是无色，而是浅褐色，故应灼

烧完全。

（2）氯水不宜多滴，否则会使碘氧化，其反应为：

$$I_2 + 5Cl_2 + 6H_2O = 12H^+ + 10Cl^- + 2IO_3^-$$

知识点

萃　取

　　萃取指利用化合物在两种互不相溶（或微溶）的溶剂中溶解度或分配系数的不同，使化合物从一种溶剂内转移到另外一种溶剂中的方法。萃取有两种方式：液－液萃取：用选定的溶剂分离液体混合物中某种组分，溶剂必须与被萃取的混合物液体不相溶，具有选择性的溶解能力，而且必须有好的热稳定性和化学稳定性，并有小的毒性和腐蚀性。固－液萃取也叫浸取，是用溶剂分离固体混合物中的组分，如用水浸取甜菜中的糖类。萃取操作过程中没有发生化学变化，因此萃取是一个物理过程。

延伸阅读

食海带治疾病

　　海带是一种含碘量很高的海藻，一般含碘3‰～5‰，多者可达7‰～10‰。从中提制出的碘和褐藻酸，广泛应用于医药、食品和化工。碘是人体必需的元素之一，缺碘会患甲状腺肿大（粗脖子病），常食海带能防治此病，还能预防动脉硬化，降低胆固醇与脂的积聚。海带虽好，但也不宜多吃，如食海带过多则会诱发甲亢疾病（甲状腺功能亢进）。

从废定影液中回收银

　　废定影液是照相工作中定影时冲洗胶卷的废水，虽然其中含银只有0.3～0.5%，但弃之不仅可惜，且会污染水源。因此，将其回收利用，是一件很有意义、很有趣味的工作。

【实验用品】

烧杯、坩埚、铁架台（带铁圈）、漏斗，酒精喷灯、玻璃棒、滤纸；废定影液、锌片、盐酸。

【实验步骤】

（1）在大烧杯中放置 500 毫升废定影液，加 6mol/L 的盐酸，边加边搅拌，直到无气体和沉淀产生为止。投入锌片，加热煮沸，数分钟后，可见烧杯底部有黑褐色沉淀（硫化银沉淀）。

（2）过滤，用水洗涤沉淀，经干燥后放在坩埚中，开始先用温火加热，后用高温灼烧，几分钟后，就有熔融的银出现，冷却后从坩埚取出，即得小的银粒。

银 粒

【实验分析】

定影液（硫代硫酸钠）跟底片或相片上没有感光部分的卤化银（一般为溴化银）反应时，生成可溶性的硫代硫酸银络离子。反应为：

$$AgBr + 2Na_2S_2O_3 = Na_3〔Ag（S_2O_3）_2〕+ NaBr$$

硫代硫酸银络离子在酸的作用下，能转化为不溶性的硫化银。因此加入盐酸则发生下列反应：

$$HCl + 2Na_3〔Ag（S_2O_3）_2〕= 2H_3〔Ag（S_2O_3）_2〕+ 6NaCl$$

$$2H_3〔Ag（S_2O_3）_2〕= 3H_2S_2O_3 + Ag_2S_2O_3$$

$$3H_2S_2O_3 = 3H_2O + 3SO_2↑ + 3S↓$$

$$Ag_2S_2O_3 + H_2O = Ag_2S↓ + H_2SO_4$$

总反应式为：

$$6HCl + 2Na_3〔Ag（S_2O_3）_2〕= 6NaCl + Ag_2S↓ + 3S↓ + 3SO_2↑ + H_2SO_4 + 2H_2O$$

生成的硫化银再经煅烧就可还原出金属银。反应为：

$$Ag_2S + O_2 \xrightarrow{\text{煅烧}} 2Ag↓ + SO_2↑$$

溶液中尚含有的少量卤化银，用锌可将其中的银还原出来。

$$Zn + 2AgBr = ZnBr_2 + 2Ag\downarrow$$

实验中需要注意：

（1）反应中有较多量的二氧化硫气体产生，因此应在通风橱或通风良好的环境中进行。

（2）灼烧硫化银时，可加入适量硝酸钾，盖上坩埚盖，以提高温度。

 **知识点**

煅 烧

煅烧也叫焙烧，是指在一定温度下，于空气或惰性气体中进行的热处理。煅烧过程要发生许多物理和化学变化。煅烧可用于直接处理矿物原料以适于后续工艺要求，也可用于化学选矿后期处理而制取化学精矿。

 **延伸阅读**

定影液的成分和作用

曝光后的感光板乳剂经显影后，只有曝光区感光过的卤化银还原为银，未感光的卤化银仍留在乳剂内，这部分卤化银见光后仍能被感光而变黑，影响显影后的影像。定影液的作用是固定显影所得的影像，除去未感光的卤化银。定影液的成分包括：定影剂，如硫代硫酸钠、硫代硫酸铵；保护剂，如亚硫酸钠、亚硫酸氢钠；中和剂，如乙酸、硼酸；坚膜剂，如铝矾、铬矾。

废干电池的利用

【实验用品】

钳子、剪刀、锥子、铁坩埚、铁架台（带铁圈）、坩埚钳、泥三角、漏斗、玻棒、滤纸、烧坏、蒸发皿、酒精喷灯；废干电池（2～4节）。

【实验步骤】

（1）废干电池的拆卸。用锥子撬去塑料顶盖和顶盖下的马粪纸及沥清。挖出筒内部分黑色混合物后，拔出炭棒，再继续将黑色混合物全部掏净，剪破锌筒，除去锌皮内侧的黑色物质和外侧的保护层。

干电池

（2）制取锌粒。将锌皮用水洗刷干净，剪成小片后置于铁坩埚（或铁勺）中用酒精喷灯（或煤炉）加热，当锌熔化后；用铁丝刮去表面的氧化锌等杂质，然后迅速将融化的锌逐渐倾入搪瓷盆中的冷水里，即得锌粒。锌粒可用于制取氢气，它不像锌片那样容易形成小残片而漏到启普发生器底部。

（3）提纯二氧化锰。将黑色混和物加水溶解（每节电池的黑色物质加水约50毫升）、静置、过滤。然后将过滤所得黑色沉淀物用水冲洗、烘干，在搅拌下用酒精喷灯强火灼烧，当不再冒烟和没有火星时，继续加热5～10分钟后停止加热。冷却后的二氧化锰可用做氯酸钾制氧气的催化剂。

（4）提取氯化锌和氯化铵

①将滤液于蒸发皿中加热蒸发，当有晶体出现时，改用小火加热，并不断搅拌（以防局部过热至氯化铵分解）。待容器中只剩下少量液体时，停止加热。冷却即得含少量氯化锌的氯化铵固体。

②将不纯的氯化铵固体装入试管内，再在管内无固体的部位处套一截去底部且大小正好吻合的试管，加热，氯化铵分解后凝在无底试管内，抽出此管即可取出氯化铵。

（5）收集炭棒及铜帽：将炭棒洗净，可做电极使用。或取下铜帽集中储存备用。

【实验分析】

干电池锌筒内的物质，除碳棒外，还有二氧化锰、炭粉、氯化铵、氯化锌等物质的混和物。锌的熔点419.4℃，可在铁制容器内熔化进而制成锌粒。利用水溶性的不同，可将二氧化锰、炭粉与氯化铵、氯化锌分离，然后灼烧固体残渣，可除去炭粉和有机物，得二氧化锰。蒸发滤液，得含少量氯化锌杂质的氯化铵固体，再利用氯化铵350℃时升华的性质，使其与氯化锌分离。

制得的二氧化锰在用做氯酸钾分解制氧气的催化剂时，需事先取少量试验是否有可燃物。

知识点

马粪纸

马粪纸学名叫黄板纸，是用稻草和麦秸等原料制作的一类比较粗糙的纸张。由于马粪纸在造纸的时候加工得比较粗厚、颜色比较黄，因此人们称之为马粪纸。在日常生活中，马粪纸主要是用来包装、衬垫一些物品，还可以用来做手工。

延伸阅读

废干电池的危害

废干电池在生活垃圾中是微不足道的，但它的害处却非常大，电池中含有汞、镉、铅等重金属物质。汞具有强烈的毒性，铅能造成神经功能紊乱、肾炎等；镉主要造成肾损伤以及骨质疏松、软骨症及骨折。若把废电池混入生活垃圾中一起填埋，久而久之，渗出的重金属可能污染地下水和土壤。人们一旦食用受干电池污染的水，这些有毒的重金属就会进入人的体内，慢慢地沉积下来，对人类健康造成极大的威胁。据测量，一节一号电池烂在土壤里，可以使1平方米的土地失去利用价值，可见废旧电池的污染有多厉害，所以废旧电池是不可以随意丢弃的。

自制印刷电路

印刷电路广泛用于电子仪表、收音机、电视机等线路上，具有结构严谨、美观大方等优点，因此受到无线电爱好者的喜爱。

【实验用品】

敷铜板、大烧杯、油漆；氯化铁溶液、香蕉水。

【实验步骤】

（1）按所需要的电路图，用印刷或喷涂的方法在敷铜板的铜箔上涂一层油漆，作为保护层。

（2）待油漆干后，再将敷铜板放入30%的三氯化铁溶液中，十几分钟后取出，有保护层的铜因不与三氯化铁溶液接触，没有被腐蚀，而没有保护层的铜就被腐蚀除去。用水冲洗后再用香蕉水洗去油漆，最后经清水洗净、晾干，一块清晰的电路板就制成了。

【实验分析】

铜与三氯化铁溶液接触，发生下列反应而被腐蚀：
$$Cu + 2FeCl_3 = CuCl_2 + 2FeCl_2$$

知识点

香蕉水

香蕉水俗称辛那水，是无色透明易挥发的液体，有较浓的香蕉气味，微溶于水，能溶于各种有机溶剂，易燃，主要用做喷漆的溶剂和稀释剂。在许多化工产品、涂料、黏合剂的生产过程中也要用到香蕉水做溶剂。

延伸阅读

印刷电路的发明

印刷电路的发明人是奥地利的一名电气工程师保·艾斯勒。艾斯勒学习过印刷技术。印刷采用照相制版技术，即把拍摄下来的图片底版蚀刻在铜版或锌版上，用这种铜版或锌版去进行印刷，这对艾斯勒大有启发。他在制作电路板时，仿照印刷业中的制版方法先画出电子线路图，再把线路图蚀刻在一层铜箔的绝缘板上，不需要的铜箔部分被蚀刻掉，只留下导通的线路，这样，电子元件就通过铜箔形成的电路连接起来。1936 年，艾斯勒用这种方法成功地装配了一台收音机。

波尔多液的配制

【实验用品】

硫酸铜、木桶、生石灰。

【实验步骤】

通常的配制方法是：生石灰 500 克，硫酸铜 500 克，水 50 千克。配制时先把生石灰用少量水化开，调成糊状，再用 25 千克水冲稀，然后把硫酸铜用少量水化开，冲进其余的 25 千克水，将上述石灰水和硫酸铜同时倒进另一木桶中，边倒边搅拌，即制成波尔多液。配制好的波尔多液，是淡蓝色不透明的悬浮液，呈碱性。

【实验分析】

石灰水与硫酸铜溶液混合起反应，生成碱式硫酸铜，具有很强的杀菌能力。实验中要注意：

（1）硫酸铜和生石灰的质量要好，硫酸铜应选蓝色结晶，石灰选白色块灰。

（2）波尔多液要现配现用。如果放置时间过长，便不易黏附在庄稼的叶子上，会减低杀菌效力。

（3）配制或使用波尔多液时，不能用铁制器皿，否则铁器会被强烈腐蚀。

知识点

> **生石灰**
>
> 生石灰的主要成分是氧化钙，其外形颜色为白色，含有杂质时淡灰色或淡黄色，无固定外形，一般情况下呈块状，在空气中容易吸收水和二氧化碳。生石灰与水作用生成氢氧化钙，并放出热量。

延伸阅读

波尔多液的发现与应用

波尔多液是在法国波尔多城发现的，1885 年就开始在波尔多城使用了。其杀菌范围较广，可用来防治农作物和果树病害。虽然因配制中需使用硫酸铜而受到限制，但目前在果树、蔬菜病害的防治上还应用较广。

自制塑料胶粘剂

【实验用品】

烧杯、量筒、有机玻璃、赛璐珞（乒乓球碎片）、聚氯乙烯树脂、聚苯乙烯树脂；氯仿、酒精、丙酮、乙酸丁酯、乙酸乙酯、乙酸异戊酯、四氢呋喃、环己酮、邻苯二甲酸二辛酯。

【实验步骤】

（1）有机玻璃胶粘剂。取 1 份有机玻璃，溶解在 19 份氯仿中，配成黏稠液体。为防止氯仿在日光的作用下被氧化为有毒的光气（$COCl_2$），再加入 1% ~ 2% 的酒精，用玻璃棒调匀，将配好的胶粘剂贮存在瓶子中，可用于修补有机玻璃制品。

（2）赛璐珞胶粘剂。取 25 份丙酮、56 份乙酸丁酯、15 份乙酸乙酯和 4 份赛璐珞混合，用玻璃棒搅拌至赛璐珞完全溶解，可用于修补眼镜架等赛璐珞制品。

（3）聚苯乙烯胶粘剂。将 7 份聚苯乙烯树脂、20 份丙酮、13 份氯仿、60 份乙酸异戊酯在试剂瓶中混合振荡，直至聚苯乙烯树脂完全溶解，即可备用。

（4）尼龙胶粘剂。将 50 份苯酚和 30 份氯仿在烧杯中混和，然后置于水浴中加热，直至苯酚完全溶解。再加入 20 份尼龙，用玻璃棒搅拌，使其完全溶解，即可装入瓶中备用。

（5）聚氯乙烯胶粘剂。将 50 份四氢呋喃，24 份环己酮、14 份氯仿在一烧杯中混合，将 6 份邻苯二甲酸二辛酯、6 份聚氯乙烯树酯在另一烧杯里混和，然后将前一烧杯中的溶剂倒入后一烧杯里并不断搅拌，直至成透明胶状液，即可装入密闭盖紧的瓶中备用。

【实验分析】

一般是先除去被粘物表面的油污、尘埃使其洁净，然后将合适的胶粘剂均匀地涂在被粘部位，使两面粘合在一起（有的需适当加压），即可粘牢，时间越长，效果越好。

实验中要注意：

（1）做胶粘剂的原料多数是易燃物，配制和使用时要注意安全。

（2）所用溶剂都易挥发，配好后要密封保存。

（3）以上配制胶粘剂的各原料用量比，均为质量比。

（4）粘合前若要对需粘合物件的种类进行鉴别，最简单的方法是燃烧法。

知识点

有机玻璃

有机玻璃是一种俗称，化学名称叫聚甲基丙烯酸甲酯，是由甲基丙烯酸酯聚合成的高分子化合物。有机玻璃是迄今为止合成透明材料中质量最优异的。有机玻璃应用广泛，不仅在轻工、建筑、化工等方面有广泛应用，而且在广告装潢、沙盘模型上也广有应用。

延伸阅读

胶粘剂的分类

胶粘剂是能将同种或两种（两种以上）同质或异质的制件（或材料）连接在一起，固化后具有足够强度的有机或无机的、天然或合成的一类物质。胶粘剂的分类方法很多，按应用方法可分为热固型、热熔型、室温固化型、压敏型等。按应用对象可分为结构型、非构型或特种胶。按形态可分为水溶型、水乳型、溶剂型以及各种固态型等。

自制家庭消毒液

高锰酸钾消毒液制取

【实验用品】

高锰酸钾1克，水1 000毫升。

【实验步骤】

将1克高锰酸钾和1 000毫升水相溶，即可配成0.1%的紫红色消毒液。

【实验分析】

要消毒的物品用清水洗净，置于高锰酸钾溶液中浸泡1~2分钟，取出物品以清水冲洗高锰酸钾残液，擦干水迹即可。如是生食瓜果蔬菜，仍需再用凉开水洗一遍才能食用。注意：高锰酸钾又名灰锰氧（俗称PP粉），有强氧化性，使用时手不宜长时间浸入，采取物品放入篓子，携篓浸入溶液方法，高锰酸钾避光保存，贮存在棕色瓶里；溶液随用随配，不宜过久；溶液由紫红色渐变棕黄色，就大大降

高锰酸钾溶液

低消毒杀菌作用。

漂白粉浊液制取

【实验用品】

漂白粉 2 克，水 1 000 毫升。

【实验步骤】

将 2 克漂白粉和 1 000 毫升水相溶，即配成 0.2%～0.3% 的漂白粉浊液。

【实验分析】

适宜于消毒病人用具。方法也是采用浸泡法，时间 5～10 分钟。如需要时溶液浓度可提高，浸泡时间也可延长。

漂白粉密封避光阴凉处保存，溶液随配随用，溶液有腐蚀性，少与皮肤接触。

酒精溶液配制

【实验用品】

95% 的酒精、蒸馏水。

【实验步骤】

取 50ml 95% 酒精加水稀释成 63.3ml 溶液即得 75% 消毒酒精。

【实验分析】

以镊子夹住脱脂棉花蘸取酒精溶液，擦拭皮肤或其他食品用具如菜刀、水果刀、案板及体温表等。注意酒精易燃，挥发性强，应防明火，密封保存。

来苏儿溶液配制

【实验用品】

皮肤消毒适用 1%～2% 水溶液；器械、排泄物或消毒环境可用 5%～

10%水溶液。来苏儿即煤酚皂液，为红色浓稠液体。

【实验步骤】

按照百分比配制即可。

【实验分析】

避光保存，防止入口（尤其是高浓度溶液）。

新型过氧乙酸消毒剂

【实验用品】

过氧乙酸（$CH_3CO—O—OH$）0.04%~0.1%消毒液。

【实验步骤】

取醋酸142毫升倾于塑料或玻璃容器内，在快速搅拌下缓缓加入3.8毫升98%的浓硫酸；取70毫升30%的双氧水（过氧化氢），在10~15分钟内缓缓加入上述醋酸溶液，并激烈搅拌约4小时，装入棕色瓶静置24~48小时。这样可得有很强醋酸味、易于挥发和溶于水的过氧乙酸（浓度15%~20%），供稀释配制溶液用。

【实验分析】

过氧乙酸溶液适用于消毒肝炎患者的器物，有较好效果；因它极易分解，加入适量（0.2%总量）8-羟基喹啉可使其稳定，宜避光阴凉处保存。

 知识点

漂 白 粉

漂白粉是氢氧化钙、氯化钙和次氯酸钙的混合物，其主要成分是次氯酸钙，氯含量为30%~38%。漂白粉为白色或灰白色粉末或颗粒，有显著的氯臭味，很不稳定，吸湿性强，易受光、热、水和乙醇

等作用而分解。漂白粉溶解于水，其水溶液可以使石蕊试纸变蓝，随后逐渐褪色而变白。遇空气中的二氧化碳可游离出次氯酸，遇稀盐酸则产生大量的氧气。

延伸阅读

常见消毒液使用误区

误区一

在洗衣服、刷餐具时加入消毒液杀菌。这对人体健康有一定的危害。

误区二

给家里空气"消消毒"。如果消毒液水汽滞留在空气中，被人吸入会损伤呼吸道。

误区三

稀释消毒液，涂抹轻微伤口，用来消炎。同为消毒液，在产品分类上有"消"字号和"药"字号两种。如果处理伤口或给皮肤消毒，应使用"药"字号的产品。

误区四

与日化用品混用。两类产品混在一起，可能产生有毒害作用的物质，因此，没有特别说明，消毒液最好单独使用。

误区五

每天都使用消毒液进行清洁。除非是有明确目标地预防传染病，一般来说，不必多用消毒液，更不必每天使用。

误区六

用来清洗洗衣机。用消毒液清洗洗衣机容易腐蚀洗衣机不锈钢内筒，也会使塑料老化，所以不可取。

自制清凉饮料

以柠檬酸和碳酸氢钠反应产生二氧化碳，代替生产汽水时向水中压入二氧化碳的工艺，适用于家庭自制少量冷饮。

甜汽水制取

【实验用品】

白糖 30 ~ 50 克，柠檬酸 6 ~ 9 克，碳酸氢钠 6 克，食用香精数滴，冷开水 1 000 毫升。

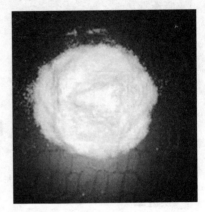

碳酸氢钠

【实验步骤】

先将白糖溶于冷开水，加入碳酸氢钠混和溶解，再滴入几滴香精后，置于能承受一定压力的汽水瓶里，把柠檬酸溶于冷开水，倾入汽水瓶，加足冷开水，旋紧塞子后冷藏即可。

如需做成橘子汽水，只需加入 50 毫升橘子汁。其余同上。

盐汽水制取

【实验用品】

食醋 55 毫升，碳酸氢钠 10 克，柠檬酸 7 克，食盐 3 克，糖精 0.1 克，香精数滴，冷开水 1 500 毫升。

【实验步骤】

将上述成分分别以冷开水溶解，尔后在一能承受压力的容器里混和均匀，加足冷开水，盖紧塞子冷藏，即可。

冰棍制取

【赤豆冰棍用料】

赤豆 160 ~ 200 克，白糖 140 ~ 170 克，糖精 0.1 ~ 0.15 克，淀粉 15 ~ 20 克。

【果汁冰棍用料】

白糖 140 ~ 180 克，糖精 0.1 ~ 0.15 克，淀粉 20 克，食用色素适量，水

果香精适量。

【奶油冰棍用料】

白糖120～150克，奶油50～80克，淀粉15～20克，香兰素少许，食用色素（奶黄色）少许。

【制法】

将糖、糖精溶于水，另取少量水溶解淀粉成乳浊液，倾入糖水搅拌加热至85℃，保温30分钟后冷却，总水量加至1 000毫升，滴入香精等配料，分装于容器中放冰箱冷冻（制取赤豆冰棍，预先要把赤豆煮烂捣碎）。

柠檬酸

柠檬酸是一种重要的有机酸，又名枸橼酸，无色晶体，无臭，有很强的酸味，易溶于水。其钙盐在冷水中比热水中易溶解，此性质常用来鉴定和分离柠檬酸。结晶时控制适宜的温度可获得无水柠檬酸。在工业，食品业，化妆业等具有极多的用途。

汽水中为什么要压入二氧化碳

在制造汽水时，要在加压情况下把二氧化碳气体溶解在水里，再往汽水里加糖、柠檬酸以及果汁或香精。当我们喝汽水时，汽水从瓶子里倒出来，外界压强（包括人体内的压强）突然降低，二氧化碳在水中的溶解度随着压强降低而变小。于是，喝入体内汽水中的二氧化碳便成为气体从水中逸出，并从口腔中排出，这个过程会把人体内的热量带走，达到了喝汽水感到凉爽的目的。

自制氢气气球

在盛大的节日里，往往可看到人们将五光十色的气球放到天空中去。

气球为什么会上升得那么高呢？很多人都会回答，那是因为气球里充满了氢气的缘故。这里我们通过一个简单的实验来介绍氢气球上升的原理。

升空的氢气球

事先准备好 1 支试管，配上附有玻璃管的塞子，玻璃管上通过橡皮管再接一根尖嘴玻璃管。同时准备少许浓度适中的肥皂液。

实验开始，先在试管里放入十几颗小锌粒，然后小心地加入 5~6 毫升浓度约为 20% 的稀硫酸。轻轻摇荡试管，这时就有很多气泡发生。这时，用已准备好的塞子，将试管口塞好。把尖嘴玻璃管在肥皂液里蘸一下后，就使管口斜着向上，不久管口就有肥皂泡形成。稍微振动尖嘴玻璃管或用嘴向管口和肥皂泡接触的地方轻轻吹气，肥皂泡就脱离管口迅速上升，可以升得很高很高。

肥皂泡

因为这个实验里的肥皂泡充满的是氢气。氢气是一种最轻的气体，它的密度只有空气的 1/14。因此，用这种气体充入肥皂泡中，使整个肥皂泡的重量还不及它所排出的空气的重量。换句话说，肥皂泡受到的浮力（向上的）比重力（向下的）大，所以它能迅速上升。氢气球上升，也就是这个道理。

轻质袋状或囊状物体充满氢气，靠氢气的浮力可以向上飘浮的物体就叫氢气球。氢气球一般有橡胶氢气球、塑料膜氢气球和布料涂层氢气球几种，较小的氢气球，当前多用于儿童玩具或喜庆放飞用。较大的氢气球用于飘浮广告条幅，也叫空飘氢气球，气象上用氢气球探测高空，军事上用氢气球架设通信天线或发放传单。

在发明飞机以前，曾经有人利用大量的氢气制造高空飞行的工具——飞船。但是氢气有容易着火和爆炸的危险，用它充气的飞船经常发生爆炸事故，后来就改用另外一种较轻的气体——氦气来代替了。虽然如此，由于氢气比氦气容易制得，并且价钱也便宜得多，所以现在还常用它来制成不乘人的探空气球，以供研究高空气象等情况。

知识点

密　度

密度也称相对密度，是指一物质的质量跟它的体积的比值，即某一物质单位体积的质量。常用单位是克/立方厘米。

延伸阅读

热气球

热气球也叫探空气球，更严格地讲应叫做密封热气球，由球囊、吊篮和加热装置3部分构成。球皮是由强化尼龙制成的（有的热气球是由涤纶制成的）。尽管它的质量很轻，但却极结实，球囊是不透气的。吊篮由藤条编制而成，着陆时能起到缓和冲击的作用。吊篮四角放置4个热气球专用液化气瓶、计量器，吊篮内还装有温度表、高度表、升降表等飞行仪表。热气球通常用的燃料是丙烷或液化气，气瓶固定在吊篮内。一只热气球能载运20千克的液体燃料。当火点燃时，火焰有2～3米高，并发出巨大的响声。

作为航空器的气球可分为热气球和充气气球两类，皆利用加热的空气或某些气体比如氢气或氦气的密度低于气球外的空气密度以产生浮力飞行。热气球主要通过自带的机载加热器来调整气囊中空气的温度，从而达到控制气球升降的目的。充气气球则主要是调整内含的外界空气比例来控制气球升降。必要的时候还可采用抛弃压舱物的方法来改变飞行状态。

工艺品制作实验

>>>>>

　　五光十色的珊瑚；叶脉纹理清晰、造形美观的镀铜树叶；黑白照片调色为色彩艳丽的彩色照片以及水下"植物园"……这些工艺品都是借助于一些化学反应、化学药品等化学手段来实现的。拿水下"植物园"的制作来说，硫酸铜、硫酸镍和硅酸钠作用，生成了不溶于水的有特定颜色的硅酸盐：那蓝色的枝条就是硅酸钴，翠绿色的"海带"就是硅酸镍，棕红色的"珊瑚礁"就是硅酸铁，玻璃状无色半透明的"海草"则是锌盐、铝盐了。繁多的化学手法为艺术品的诞生开拓了广阔的空间。

化学镀银

　　想在金属表面镀上一层其他金属，大家都很熟悉，可以用电镀法。但还有一种不同于电镀的工艺，叫化学镀。

　　化学镀技术是在金属的催化作用下，通过可控制的氧化还原反应产生金属的沉积过程。与电镀相比，化学镀技术具有镀层均匀、针孔小、不需直流电源设备、能在非导体上沉积和具有某些特殊性能等特点。另外，由于化学镀技术废液排放少，对环境污染小以及成本较低，在许多领域已逐步取代电镀，成为一种环保型的表面处理工艺。目前，化学镀技术已在电子、阀门制造、机械、石油化工、汽车、航空航天等工业中得到广泛的应用。化学镀不仅能将金属镀到金属制品上去，而且也能把金属镀到非金属

（如玻璃和塑料等）上去。此外，化学镀在工作的时候不用耗电，完全是靠化学作用进行的。化学镀的主要类型有三种：还原法、接触法和浸镀。我们这里介绍其中的一种——还原法。

你知道热水瓶胆上的光亮薄层是什么物质？它是怎样镀上去的？我们通过制银镜的实验就可知道了。

先配制氧化银的氨溶液：在5毫升10%的硝酸银溶液中，慢慢滴加5%的氨水，一直滴至那些起始生成的沉淀恰好完全溶解为止。然后加入1毫升5%的氢氧化钠（必须注意，这个混合液只能在临用时配制，不可长久贮存，因久存可能

银 镜

生成爆炸物；用后的剩余液体，也应用酸处理后倒入废液缸中）。

取试管一支，先用热的氢氧化钠溶液，后用蒸馏水彻底洗净。然后在试管中加入2毫升氧化银的氨溶液和2毫升20%的葡萄糖溶液。混和均匀后，把试管浸在60℃~80℃的水中加热，并观察管壁上的变化。如果试管洗得干净，加热几分钟后就可以观察到管壁上产生了光亮的银镜。如果管壁洗得不干净，就不会形成银镜，只有黑色沉淀析出。

因为葡萄糖具有还原性，所以能使氧化银还原为银。还原出的银粒非常细小，它紧密地沉积在管壁上而形成银镜。热水瓶胆的光亮薄层，就是利用同样的原理与类似的方法制成的。这就是一种化学镀银的方法。

通过这个实验，我们可以大致上对化学镀有了认识。也许有人会问：为什么这里的银不能用电镀而要用化学镀的办法呢？这是因为非金属不能直接电镀的缘故。热水瓶胆是用非金属的玻璃做的，它是电的不良导体，因此不能用电镀的办法把银镀上去，而只能用化学镀法。

有时，为了达到某种特殊的要求，需要在非金属（如塑料等）上电镀某种金属或合金，那么可以先用化学镀法在镀件上沉积上另一种金属，然后再进行电镀。

尽管电镀比化学镀有很多有利的条件，如它的工艺过程比较成熟，所以它还是目前广泛使用的镀金属的重要方法。但它也有缺点，如镀层没有化学镀均匀，特别在棱角和边上往往会镀得比一般部位厚，形状复杂的零

件，更无法镀好。化学镀的镀层也不能镀得很厚。化学镀的镀层与基体金属结合得极紧密，耐腐蚀性好，因此可以用这种方法来解决碱液蒸发器和石油精炼等化工设备的耐腐蚀问题。

知识点

电镀

电镀就是利用电解原理在某些金属表面上镀上一薄层其他金属或合金的过程，电镀可以起到防止腐蚀，提高耐磨性、导电性、反光性及增进美观等作用。

延伸阅读

化学镀在我国的发展

化学镀技术由于工艺本身的特点和优异性能，用途相当广泛。我国在20世纪80年代开始在化学镀方面进行探讨，虽然化学镀技术在我国起步较晚，但发展很快，如今化学镀技术已经广泛用在汽车工业、石油化工行业、机械电子、纺织、印刷、食品机械、航空航天、军事工业等各种行业。

相片调色

蓝色、棕色、紫红色调色法介绍如下：

蓝色（铁盐）调色法

【实验用品】

天平、量筒、烧杯、玻璃棒、竹夹、冲洗盘，铁氰化钾、浓硫酸、柠檬酸铁铵。

【实验步骤】

（1）取 1.5 克铁氰化钾、1.5 毫升浓硫酸、300 毫升水配成甲液。另取 1.5 克柠檬酸铁铵、1.5 毫升浓硫酸、300 毫升水配成乙液。

（2）先取等体积的甲液和乙液，于冲洗盘内混匀。再把用水浸泡过半小时并用水充分清洗过的黑白照片放入调色液中，然后用玻棒或竹夹晃动照片，这时可见照片上黑色影像逐渐变成蓝色，当颜色调到合适时取出照片。

（3）把取出的照片用水反复冲洗，直到照片的白色部分不显黄色为止，最后把照片晾干、压平。

【实验分析】

利用赤血盐把影像的银粒氧化生成亚铁氰化银：

$$4Ag + 4K_3 \left[Fe \left(CN \right)_6 \right] = Ag_4 \left[Fe \left(CN \right)_6 \right] \downarrow + 3K_4 \left[Fe \left(CN \right)_6 \right]$$

亚铁氰化银再跟柠檬酸铁铵中的三价铁离子反应，生成普鲁士蓝：

$$4Fe^{3+} + 3Ag_4 \left[Fe \left(CN \right)_6 \right] = Fe_4 \left[Fe \left(CN \right)_6 \right]_3 \downarrow + 12Ag^+$$

这样黑白照片就变成蓝白照片了。

棕色（硫化）调色法

【实验用品】

天平、量筒、烧杯、竹夹、冲洗盘、玻棒；铁氰化钾、溴化钾、硫化钠。

【实验步骤】

（1）取 1 克铁氰化钾，0.8 克溴化钾和 100 毫升水配成漂白液。另取 1 克硫化钠、100 毫升水配成硫化液。

（2）先把经过水浸泡洗净的黑白照片浸入漂白液中，照片上的黑色部分逐渐褪去。然后将其洗净，放入硫化液中，用竹夹晃动照片，褪色的照片上又慢慢地出现棕色的影像，当颜色调到合适时取出照片。

（3）将取出的照片用清水冲洗干净，最后把照片晾干、压平。

【实验分析】

照片在调色液中发生下列反应：

$$4Ag + 4K_3 \begin{bmatrix} Fe \ (CN)_6 \end{bmatrix} = Ag_4 \begin{bmatrix} Fe \ (CN)_6 \end{bmatrix} + 3K_4 \begin{bmatrix} Fe \ (CN)_6 \end{bmatrix}$$

$$Ag_4 \begin{bmatrix} Fe \ (CN)_6 \end{bmatrix} + 4KBr = 4AgBr \downarrow + K_4 \begin{bmatrix} Fe \ (CN)_6 \end{bmatrix}$$

$$2AgBr + Na_2S = Ag_2S \downarrow + 2NaBr$$

生成的硫化银使照片调成棕色,棕色的深浅与调色时间和调色液浓度有关,调色时可适当控制。

紫红色(铜盐)调色法

【实验用品】

天平、量筒、烧杯、竹夹、冲洗盘、玻棒;硫酸铜、铁氰化钾、草酸铵。

【实验步骤】

(1)取 0.8 克硫酸铜晶体、0.4 克铁氰化钾,0.4 克硝酸钾,1.6 克草酸铵,100 毫升水配成调色液。

(2)把经过充分冲洗的黑白照片浸入调色液中,不时用竹夹晃动照片,黑色照片上会慢慢出现紫红色影像,当色调合适时取出照片。

(3)将取出的照片用水清洗到照片的白色不发黄为止,最后将照片晾干、压平。

硫酸铜晶体

【实验分析】

照片在调色液中,发生下列变化:

$$4Ag + 4K_3 \begin{bmatrix} Fe \ (CN)_6 \end{bmatrix} = Ag_4 \begin{bmatrix} Fe \ (CN)_6 \end{bmatrix} \downarrow + 3K_4 \begin{bmatrix} Fe \ (CN)_6 \end{bmatrix}$$

$$2CuSO_4 + Ag_4 \begin{bmatrix} Fe \ (CN)_6 \end{bmatrix} = Cu_2 \begin{bmatrix} Fe \ (CN)_6 \end{bmatrix} \downarrow + 2Ag_2SO_4$$

反应中生成的亚铁氰化铜是紫红色的,这样黑白照片上就会出现紫红色的影像。

在实验中要注意:

(1)以上各种调色法,在调色前照片一定要进行水浸和充分清洗,调好颜色后,也一定要用水充分清洗,以免残留药液使照片日久发黄。

（2）蓝色调对影像略有加厚作用，宜选用稍为淡一些的照片，棕色调对影像略有减薄作用，必须选用黑白明显的照片，调棕后的黑白照片，保存时间明显变长而不易毁坏。

赤血盐

赤血盐即铁氰化钾，是深红色斜方晶体，易溶于水，无特殊气味，可溶于丙酮，不溶于乙醇。铁氰化钾水溶液呈黄色，是一种强氧化剂，有毒。铁氰化钾与酸反应生成极毒气体，高温分解成极毒的氰化物。

调　色

黑白照片可以借助于一些化学反应把黑色的银转变成其他颜色的银盐或转变为有色的其他金属的化合物，使照片的色调发生改变，这个过程叫做调色。调色后的照片比原来更为美观。

晒制蓝图

任何设计项目，在设计人员绘制出设计图后，必须把设计图晒成蓝图，蓝图是施工的依据。假若没有晒图纸，可以自制。

【实验用品】

天平、烧杯、量筒、玻棒、排笔、玻璃板、白道林纸；柠檬酸铁铵、赤血盐。

【实验步骤】

（1）称取5克柠檬酸铁铵，加入20毫升水使其溶解，将溶液装入棕色瓶内。再称取4克赤血盐溶于20毫升水中，将溶液盛入另一瓶内。

（2）在暗室中于红光下将上述两溶液等体积混和，用干净的排笔蘸混和液均匀地涂刷在光洁的白道林纸上（或用脱脂棉蘸涂），涂完后放在暗室中晾干，即制成晒图纸。晾干的晒图纸呈青铜色，用黑纸包好，收藏待用。

（3）在避光处打开黑纸，将描好图案的透明或半透明纸，或照相底片，置于晒图纸上，再用干净的玻璃板压平压紧，在日光或强烈灯光（如高亮度自昼幻灯）下照射20分钟，然后避光取出晒图纸，浸入冷水中漂洗3~5分钟，晾干后即可得到蓝底白线的图纸（或相片）。

【实验分析】

晒图纸上涂有柠檬酸铁铵和赤血盐，经日光照射后，见光部分的柠檬酸铁铵发生自身氧化还原反应，产生 Fe^{2+} 离子，与赤血盐反应生成不溶于水的蓝色铁氰化亚铁 $Fe_3[Fe(CN)_6]_2$（滕氏蓝），而不被日光照射部分的没有发生反应，纸上的盐类仍为可溶性的，能被水洗去，这样在纸上就会显出蓝底白线的图案。

实验中要注意：

（1）用排笔在纸上涂刷溶液时，一定要厚薄均匀，否则晒出的图颜色不均匀。

（2）日光照射时间，夏季可短些，冬季可长些。

知识点

排　笔

排笔指的是一种绘画、制图、装饰时使用的一种涂抹染料的文具或工具，有时也指绘画方法。结构为在底板上开有多个画线笔槽，画线笔槽之间的间距相等，槽中可放置画线笔，底板与面板固定连接。

延伸阅读

晒　图

晒图是一种较为古老的方法，发明于1842年。它是把要复制的图样画在半透明的纸上，然后反放在用柠檬酸铁铵与铁氰化钾的混合物敏化过的纸上。之后将敏化纸曝光。在敏化纸上没有被图样遮盖住的区域里，光会使这两种化合物发生反应，从而生成蓝色。然后用水将曝光后的纸洗净，这样就形成了一张负像，图样在深蓝色背景上呈现为白色。人们之所以还在使用蓝图，是因为它价格低廉。

■■■ 冷镀制镜

镜子不仅可以用来整理容冠，而且在工业、交通、国防以及太阳能的利用等方面都有重要用途。怎样制镜呢？这里介绍一种在常温下操作、不需加热的冷镀制镜法。

【实验用品】

天平、玻璃棒、烧杯、量筒、平板玻璃，硝酸银、氨水、氢氧化钠、葡萄糖、酒精、酒石酸钾钠、浓硝酸、氯化亚锡、锡粒、滑石粉、汽油。

【实验步骤】

（1）选择没有霉变、疙瘩、气泡、伤痕等毛病的 3~5 毫米厚的平板玻璃，并裁成所要求的尺寸。

（2）用水将玻璃洗净后，再经酸洗、水洗、碱洗、水洗，直至玻璃表面附有一层薄薄的水膜，若水膜呈花纹形，必须重洗。最后，用 0.25mol/L 的氯化亚锡溶液浇在玻璃表面上，去除可能残留的氧化性杂质。半分钟后，倾去液体，用自来水冲洗，再用蒸馏水洗涤 1~2 次，浸在蒸馏水中待用。

（3）取硝酸银 5 克，加蒸馏水 100 毫升，搅拌溶解后，慢慢加入 10% 的氨水至溶液由浑浊又刚好澄清为止。再把 2.5 克氢氧化钠溶于 30 毫升蒸馏水中。两液相混，用蒸馏水稀释至 500 毫升，配成氧化液。

称取葡萄糖 1.3 克加蒸馏水 25 毫升溶解后，滴加硝酸一滴，煮沸 2 分钟。冷却，加入酒精 25 毫升，再与含酒石酸钾钠 2.5 克的饱和溶液混和，配成 50 毫升还原液。

（4）将配好的氧化液与还原液按 10:1（体积）混匀，立即浇洒在已洗净且平放的玻璃板上，使玻璃表面全部被该混和液均匀覆盖。几分钟后，即形成银的镀层。如欲提高镜面质量，可按上述操作重镀一次。最后用水小心冲洗，放通风处晾干。

（5）将红色铅丹、清漆、滑石粉按1:1.2:1的比例调和均匀，加适量汽油稀释漆液，用羊毛软刷把漆液均匀刷在阴干后的银层上（或用虫胶溶于酒精中，加入红色铅丹），以保护银层。

【实验分析】

使玻璃的表面附着一层致密的金属就可成为镜子。这层金属，目前仍以光亮度好的银为主。银层，是通过银镜反应形成的，冷镀制镜以葡萄糖作为还原剂，主要反应为：

$$CH_2OH—(CHOH)_4—CHO + 2〔Ag(NH_3)_2〕OH→$$
$$CH_2OH—(CHOH)_4—COONH_4 + 2Ag↓ + H_2O + 3NH_3↑$$

在实验中要注意：

（1）玻璃的选择和清洗是影响镜面质量的重要关键，一定要按要求选择和清洗。在操作时，也不能用手接触镜面。

（2）制镜中所用各种试剂，均要求有较高的纯度，一般不得低于工业纯度。

（3）每镀0.4m平方米镜面，约需300毫升镀液。

酸 洗

　　酸洗指清洁金属表面的一种方法。一般将制件浸入硫酸等的水溶液，以除去金属表面的氧化物等薄膜。酸洗用酸有硫酸、盐酸、磷酸、硝酸、铬酸、氢氟酸和混合酸等。最常用的是硫酸和盐酸。

制取蒸馏水

蒸馏水是指用蒸馏方法制备的纯水。蒸馏水可分一次和多次蒸馏水。水经过一次蒸馏，不挥发的组分残留在容器中被除去，挥发的组分进入蒸馏水的初始馏分中，通常只收集馏分的中间部分，约占60%。要得到更纯的水，可在一次蒸馏水中加入碱性高锰酸钾溶液，除去有机物和二氧化碳。

树叶镀铜

树叶经电镀后，叶片形态不变，叶脉纹理清晰，造形美观，可长期保存。但树叶为非导体，如何电镀呢？现以镀铜为例介绍制作方法如下：

【实验用品】

烧杯、镊子、铜丝、导线、低压电源、滑动变阻器、电流表，树叶；氯化亚锡溶液、硝酸银溶液、氨水、甲醛溶液、无水酒精、硫酸铜溶液、稀硫酸。

镀铜树叶

【实验步骤】

（1）选取质硬、完好、带柄的树叶几片，如桂花树、梧桐树叶，放入浓肥皂液中浸泡半小时，用镊子取出以清水漂洗，再平置于玻璃片上，用丝绸轻轻贴在叶面上来回摩擦，使叶面洗净。最后用镊子将叶子放入无水酒精中浸泡10分钟后再取出。

（2）把在酒精中浸泡过的叶片，投入新配制的0.25mol/L的氯化亚锡溶液中浸泡半分钟，再用镊子取出在蒸馏水中漂洗。另取一大烧杯，倒入200毫升4%的硝酸银溶液，再逐滴滴入4%氨水直到生成沉淀恰好完全溶解为止（银氨溶液）。把叶片（连叶柄）放入此溶液中，滴入36%甲醛溶液1ml（约10滴），2分钟即可取出，用蒸馏水漂洗，这时叶片已银光闪闪，涂上了一层银。

（3）在500毫升烧杯内放入饱和硫酸铜溶液，再加少量稀硫酸。叶柄用裸铜丝缠绕后放入此液中做阴极，另用铜丝网做阳极。电镀时电流通过可变电阻来调节，一般控制在0.5~1安培，时间约2分钟，叶片上便可镀上紫红色的金属铜。

【实验分析】

利用酒精能溶解叶绿素这一性质，把叶片上的叶绿素溶解，使叶片具有多孔性。再置叶片于银氨溶液中，发生银镜反应，反应后有银粒在叶片的孔隙中析出，这就为一镀铜创造了条件。电镀时，阳极（铜丝）反应为：$Cu - 2e = Cu^{2+}$，阴极（叶片）反应为：$Cu^{2+} + 2e = Cu$。

在实验中要注意：

（1）叶片一定要按要求选用和洗净，不可有斑点。

（2）防止因叶柄银层镀得不好，或细铜丝缠绕不当而导致电路不通。

知识点

叶　绿　素

叶绿素是一类与光合作用有关的最重要的色素。光合作用是通过合成一些有机化合物将光能转变为化学能的过程。叶绿素实际上存在于所有能营造光合作用的生物体，包括绿色植物、原核的蓝绿藻（蓝菌）和真核的藻类。叶绿素从光中吸收能量，然后能量被用来将二氧化碳转变为碳水化合物。叶绿素吸收大部分的红光和紫光，但反射绿光，所以叶绿素呈现绿色。

延伸阅读

无水酒精、绝对酒精

酒精是乙醇的水溶液，酒精是混合物，而乙醇是纯净物。无水酒精只是纯度较高的乙醇水溶液，乙醇占99.5%的水溶液叫无水酒精。如果要除掉这残留的少量的水，可以往无水酒精里加入金属镁，可得100%乙醇，叫做绝对酒精。无水酒精为无色透明液体，有特殊的芳香味。

▮▮▮ 水中珊瑚

【实验用品】

小玻璃缸或 500 毫升烧杯；20% 硅酸钠溶液、硫酸铜，硫酸镍、硫酸锰、硫酸锌、氯化钴、硫酸亚铁，氯化铁、氯化钙等各种晶体数粒（似赤豆般大小）。

【实验步骤】

（1）在玻璃缸里铺上一层洗净的细砂和白色的小石子，把它放在不受震动的桌面上，往缸内缓慢地注入 20% 硅酸钠溶液（俗称水玻璃）至缸的 3/4 处。

（2）将上述各种晶体分别投入缸内溶液底部的不同位置（各晶粒不能相互接触），每种 4～5 粒。不久，各种晶体就像种子一样从砂中向上发芽生根，逐渐长成形状奇特、五彩缤纷的"花草树木"和"假山石柱"，几小时后，一座美丽的水中花园就建成了。

【实验分析】

各种可溶性金属盐投入硅酸钠溶液后，都能反应，在晶体表面生成不溶于水的不同颜色的硅酸盐。如：

$Cu^{2+} + SiO_3{}^{2-} = CuSiO_3\downarrow$ （蓝绿色）

$2Fe^{3+} + 3SiO_3{}^{3-} = Fe_2(SiO_3)_3\downarrow$ （棕色）

生成的难溶硅酸盐在晶体表面上形成一层具有半渗透性的薄膜，硅酸根不能渗入膜内，但溶液中的水分能逐渐渗入膜内并溶解晶体成浓溶液，至一定压力时，膜内金属盐溶液就"胀"破薄膜，再与硅酸钠反应生成新薄膜。这一过程不断重复直至晶体全部溶解。随着难溶硅酸盐的不断向上积聚，就逐渐形成各种美丽的"植物"：硅酸钴像紫色的海草，硅酸铜和硅酸镍像绿色的小丛；硅酸铁像红棕色的灵芝；硅酸锌、硅酸钙、硅酸锰像白色和粉红色的钟乳石柱。

各种硅酸盐颜色如下：铜盐——蓝绿色，钴盐——紫色，锰盐——肉色，铁盐——棕红色，镍盐——翠绿色，锌盐——白色，亚铁盐——浅绿色，钙盐——白色。

在实验中要注意：

（1）撒晶体时缸中溶液要平静。

（2）不要将不同晶体混在一起撒入溶液中。

（3）静止一天后，将水玻璃用虹吸管吸出，再慢慢地沿着缸的内壁把清水注入缸里。这样，只要不去震动它，就可以长期保存并可避免硅酸钠对玻璃的腐蚀。

知识点

晶　体

晶体即是内部质点在三维空间呈周期性重复排列的固体。晶体有3个特征：（1）拥有整齐规则的几何外形。（2）拥有固定的熔点，在熔化过程中，温度始终保持不变。（3）有各向异性的特点：在不同的方向上具有不同的物理性质。固态物质有晶体与非晶态物质（无定形固体）之分，而无定形固体不具有上述特点。

晶体按其结构粒子和作用力的不同可分为4类：离子晶体、原子晶体、分子晶体和金属晶体。固体可分为晶体、非晶体和准晶体三大类。常见的晶体有萘、冰以及各种金属。

延伸阅读

结晶的两种方式

结晶分两种，一种是降温结晶，另一种是蒸发结晶。降温结晶：首先加热溶液，蒸发溶剂成饱和溶液，此时降低热饱和溶液的温度，溶解度随温度变化较大的溶质就会呈晶体析出，这种结晶形式就叫做降温结晶。蒸发结晶：蒸发溶剂，使溶液由不饱和变为饱和，继续蒸发，过剩的溶质就会呈晶体析出，这种结晶方式称为蒸发结晶。

铝片染色

【实验用品】

玻璃电解槽（或大烧杯）、小烧杯、酒精灯、石棉网、三脚架、低压电源、滑动变阻器、安培计、石墨电极、铝片、导线、氢氧化钠溶液、硫酸溶液、红药水、紫药水、甲基橙溶液、茜素红溶液、亚铁氰化钾、氯化铁。

【实验步骤】

（1）在空电解槽里，先把铝阳极和石墨阴极的位置试装好，阴、阳极间的距离约为2厘米。把两片铝阳极并联在直流电源的正极上，把石墨电极接在电源的负极上。电路里串联一个滑动变阻器和安培计。试装好后，取出铝片，向槽内倒入20%硫酸溶液，以浸没铝片为宜。

（2）将经去污粉擦洗并用清水冲洗后的铝片，浸在加热到60℃左右的10%氢氧化钠溶液中进行碱洗，约半分钟后（这时反应剧烈，放出大量氢气）用镊子迅速取出铝片浸在热水里，并用镊子夹住棉花在水里擦试铝片表面，再移浸在热的蒸馏水中冲洗，彻底洗去铝片上的碱液。

（3）迅速将洗涤后的铝片装在电解槽内，立即接通电源，进行阳极氧化。电解槽温度控制在12℃～25℃，阳极电流密度100～200A/m²，电压13～23V。通电30～40分钟后，从电解槽内取出铝片（取出铝片后再切断电路），放在清水里冲洗，然后用1%氨水进行中和，最后再用清水反复冲洗。

（4）把冲洗过的铝片剪成几块，分别放在80℃左右的红药水、紫药水、甲基橙溶液、营素红溶液中浸泡3～5分钟，即能分别染上红色、紫色、橙色及红色。如果先把铝片浸在亚铁氰化钾溶液里，取出用水冲洗，再浸在氯化铁溶液里，就可染成蓝色。

（5）染色后的铝片用水洗净后，立即放在沸水中煮沸5分钟，或在60℃～80℃下烘干。经这样处理后，使电解所生成的无水氧化铝分子水化成水合氧化铝，从而形成均匀致密的水合氧化铝膜，覆盖在所染的颜料或染料上，起保护作用。如用的是有机染料，用水煮为好，如用的是无机染料，则烘干较好。

【实验分析】

光滑的铝片表面不能染色，如把铝片作阳极，石墨作阴极，在硫酸溶液里电解，因氢氧根离子在阳极放电，生成新生态氧，使铝氧化，就会在铝片表面生成一层多孔性的氧化膜，由于多孔，就具有较强的吸附能力，可以吸附各种颜料或染料，从而使铝片染上各种色彩。染色后再进行封闭处理，使颜料或染料封闭在铝片表面的孔隙中，就可使颜色保持不褪。

实验中要注意：

（1）铝片经热碱溶液处理后，表面的氧化膜已被除去，不能露置在空气里，必须立即进行阳极氧化。铝片放入电解槽后，为防止跟硫酸反应，必须立即通电。阳极氧化后，铝片也应立即做染色和封闭处理。由于这些原因，事前必须充分做好整个实验过程的各项准备工作。

（2）电解前，铝片一定要洗得非常干净，不能有一点儿油污。同时为防止带入氯离子和其他离子，损坏氧化膜层，最后一定要用蒸馏水冲洗。

（3）电解时若电解液温度升得过高，可把电解槽浸在冷水里降温。

（4）染色成功的关键是氧化膜的厚度，氧化膜越厚，染色效果越好。

知识点

电解槽

所谓电解槽就是电解质储存槽。电解槽由槽体、阳极和阴极组成，多数用隔膜将阳极室和阴极室隔开。按电解液的不同分为水溶液电解槽、熔融盐电解槽和非水溶液电解槽3类。当直流电通过电解槽时，在阳极与溶液界面处发生氧化反应，在阴极与溶液界面处发生还原反应，以制取所需产品。

延伸阅读

染色工艺

染色也称上色，即染上颜色，是指用化学或其他的方法影响物质本身而使其着色。通过染色可以使物体呈现出人们所需要的各种颜色。染色是一个很古老的工艺。从出土文物来看，我国和印度、埃及早在史前就知道用某些天然染料来染色。

魔幻的图画

在一个文艺晚会上，看到一个精彩的节目。只见一位表演者拿出一张白纸和一根留有余烬的引火棒，说：用这根引火棒，在纸上一点就可以烧出一幅图画来。说也奇怪，他在纸上一点，纸被烧成一个窟窿，同时看到火星从这个窟窿延伸开来，很快就"烧"出一个字来，仔细一看是个"火"字。他又拿出另一张白纸，同样用留有余烬的引火棒一点，却烧出一只动物来，这引起大家啧啧称赞。

其实，这位小表演者表演的是化学魔术。他的全部奥妙都在那张纸上，我们同样也可以表演一番。

取一张薄而易吸水的白纸（如一张滤纸），同时配制一瓶特殊的绘画"墨"水——浓度约为30%的硝酸钾溶液。用毛笔蘸取硝酸钾溶液在纸上作画，但要求笔画简单而且连贯，画好后，让纸晾干，图画的痕迹全部消失，看上去仍然是一张无瑕的白纸，连作画者也分不清。所以表演者应事先在尚未干透的图画上做一记号，如用小针在画迹的某处戳一个不明显的小孔。画纸干透后，就可用来表演。表演时只要用引火棒点燃原来做过记号的小孔，火星就按着绘画的痕迹漫延开了，原来的画迹很快就显现出来了。

道理很简单，用硝酸钾（KNO_3）溶液作画，纸上留有硝酸钾的痕迹，当用引火棒点燃时，硝酸钾受热分解出微量的氧气，帮助白纸燃烧，因而燃烧顺着有硝酸钾痕迹的地方进行。又由于燃烧缓慢，产生的热量基本上都散失了，所以未蘸有硝酸钾的纸不会燃着。硝酸钾的这种助燃性质曾经用来做导火索，过去也曾用以处理卷烟的纸，以防纸烟点燃后断火。也可以换其他的液体来做这个实验。

事先在一张比较厚的白纸上，用浓度在15%～20%的亚铁氰化钾（俗称黄血盐）溶液画出汹涌澎湃的

滤　纸

波涛，再用浓度为15%～20%的硫氰化钾浓溶液画一只船以及船上的烟囱，最后用5%浓度的硫氰化钾稀溶液在烟囱上画上一颗五角星。干燥后，只见白纸一张，几乎看不出什么特殊的颜色和痕迹，以备后用。

由于含氰的化合物都有毒性，所以要注意安全，切勿让药品入口。手续完毕，必须用肥皂把双手彻底洗净。

实验开始后，用喷雾器把5%浓度的氯化铁稀溶液喷洒在那张白纸上。转眼间，在雪白的纸上出现了一幅美丽的图画：深蓝色的波涛，红褐色的船只，烟囱上还有一颗耀眼的五角红星。

黄血盐是一种淡黄色的晶体，硫氰化钾是无色的晶体。它们极易溶于水，溶液都是浅色或无色的。当黄血盐与含有三价铁的氯化铁溶液相遇作用时，就生成了深蓝色的沉淀物（俗称铁蓝或普鲁士蓝）。画中波浪的蓝色就是这种铁蓝的颜色。

硫氰化钾与氯化铁溶液相遇时，也发生反应，结果生成的是血红色的硫氰化铁溶液。由于硫氰化钾的浓度不同，所以，船身与五角星的颜色也有浓淡的差别。

根据这种化学反应，人们还可以做很多"变色实验"。比如下面这个"喷雾作画"。

【实验用品】

滤纸、喷雾器、玻璃棒、0.1摩/升盐酸、0.1摩/升氢氧化钠、甲基橙试液。

【实验步骤】

（1）用玻璃棒蘸取0.1摩/升盐酸在一张白滤纸上画上一朵月季花的花瓣，花瓣无色。

（2）再用另一根玻璃棒蘸取0.1摩/升氢氧化钠溶液画上月季花的花蕊，花蕊无色。

（3）把甲基橙溶液装入喷雾器，向画好月季花的滤纸上喷洒。雾到之处，就开出一朵黄蕊红瓣的月季花。

【实验分析】

甲基橙试液在酸性溶液中显红色，在碱性溶液中显黄色。因为滤纸上的月季花，花瓣是用盐酸画的，花蕊是用氢氧化钠溶液画的。所以喷上甲基橙后，成为黄蕊红瓣的月季花。

实验中要注意，用玻璃棒蘸氢氧化钠画花蕊时，"笔道"要细，注意不要让碱液扩散。否则氢氧化钠遇到 HCl，会发生中和反应。喷上甲基橙试液后，无颜色变化，影响效果。

酚酞、甲基橙、石蕊都是工农业生产和实验室里常用的酸碱指示剂。

 **知识点**

滤 纸

滤纸是一种常见于化学实验室的过滤工具，常见的形状是圆形，多由棉质纤维制成。由于其材质是纤维制成品，因此它的表面有无数小孔可供液体粒子通过，而体积较大的固体粒子则不能通过。各种不同的部分按其各自的分配系数不断进行分配，从而使物质得到分离和提纯。

 **延伸阅读**

黄血盐的检验利用

根据黄血盐与含有三价铁的氯化铁溶液相遇作用生成深蓝色的沉淀物的性质，人们用来验证某些物质。譬如要检验某种化工产品中是否含有铁质（三价的铁），只要把它变成溶液，然后把黄血盐溶液或硫氰化钾溶液滴入其中，如果溶液内出现了深蓝色的沉淀或者变为血红色的溶液，就表示试样中有三价铁存在。此外，人们在检查铁器表面的防锈层是否严密时，往往先把要检查的铁器用四氯化碳洗干净，然后放在溶有动物胶、甘油和黄血盐的温水里。经过一昼夜以后，如果防锈层不严密，暴露出来的铁便与黄血盐发生作用，使溶液变蓝。所以，根据溶液是否变蓝，便可以知道铁器表面的防锈层是否严密无损。

人工火山

火山喷发是地球内部高温的熔融态岩浆及气体在地壳比较脆弱的地方

（如发生裂缝）冲出地面的现象。我国不是多火山地带，因而看到火山喷发的机会是很少的。但若要观察一下类似火山喷发时产生气体、液体及固体物质的喷射现象却是很方便的。

取3～5克重铬酸铵固体（用粉末状的氯化铵和重铬酸钾按重量比4:1混合亦可），放在蒸发皿（或铁片）中，用小火加热。当固体受热达到一定温度时，就突然分解成氮气、水和绿色固态三氧化二铬。

重铬酸铵

在分解的刹那间，由于产生大量高温的气体，压力骤增，因而把分解产物向上方喷射，犹如火山喷发。

利用这个化学反应，还可进行化学反应前后总重量不变的演示实验。它可以这样做：找一个小气球，先用嘴（或打气筒）把气球吹大，再让它收缩，这样反复几次，一方面检查气球是否漏气，另一方面可使气球皮膜松弛，便于实验时收贮气体。再找一根钢笔杆粗细的小试管（如果没有，可用大试管配以橡皮塞和导管代替），在试管中放入米粒大小的重铬酸铵3～5粒（不要多放），把气球捏瘪，排掉其中的空气，小心地套在试管上。准备妥当后，放在天平上称重。做实验时，将试管在小火焰上加热，不久就看到前面所述的现象，瘪的气球也鼓了起来，说明重铬酸钾已经分解，产生了气体及其他物质。待到反应结束，温度下降后，再放在天平上称重，发现反应前后重量并未有明显的变化。

化学反应前后总重量不变，这是人们经过无数次的实践所总结出来的规律。在化学反应中，参加反应前各物质的质量总和等于反应后生成各物质的质量总和。这个规律就叫做质量守恒定律。它是自然界普遍存在的基本定律之一。

知识点

重铬酸铵

重铬酸铵是桔黄色单斜结晶，有毒，易溶于水和乙醇，不溶于丙酮。

由重铬酸钠与氯化铵反应制得。重铬酸铵加热到170℃则分解为三氧化二铬粉末，与有机物接触摩擦、撞击能引起燃烧、爆炸。重铬酸铵用途广泛，主要用作化学工业生产十二烷基硫酸钠的原料，制造十二醇、十四醇等化工产品。印染工业用做朗酸性染料及媒染染料的媒染剂。感光工业用于制版和配制显影液。

延伸阅读

质量守恒定律的发现

1756年俄国化学家罗蒙诺索夫把锡放在密闭的容器里煅烧，锡与氧气发生变化，生成白色的氧化锡，但容器和容器里的物质的总质量，在煅烧前后并没有发生变化。经过反复的实验，都得到同样的结果，于是他认为在化学变化中物质的质量是守恒的。但这一发现当时没有引起科学家的注意，直到1777年法国的拉瓦锡做了同样的实验，也得到同样的结论，质量守恒定律由此诞生。

▮▮ 变色花

取一张吸水性比较好的白纸，在二氯化钴浓溶液中浸透后，取出晾干。反复浸两三次，直到白纸变成粉红色为止。用它做成几朵花。

另取一张质地相同的白纸，按照与上述相同的方法放在氯化铜浓溶液中浸两三次，干燥后，就变成草绿色。用它做成叶子。然后，把这些花和叶子扎在一起，做成红花绿叶的花束。再配以其他的装饰物，一件精美的工艺品就完成了。

这花束和普通的纸花不同。如果用一支点燃的蜡烛（或者其他灯火）把花束稍微烤热，红色的花就会渐渐变成蓝色，绿色的叶子也会变成苍黄色，好像

氯化铜粉末

完全成了另外一种花朵似的。这时候如果随即向花束呵几口气，或者向花束喷洒一些水雾，蓝色的花仍然可以重新变成红色，绿叶也再度出现了。

花为什么会变色？这是因为氯化铜和二氯化钴晶体都是含结晶水的，但当加热后都会失去结晶水而改变颜色：二氯化钴由淡红色变成蓝色；氯化铜由绿色变成黄褐色。如果向花束呵几口气或喷上一些水以后，它们又重新吸收水分，再次显示出原来的颜色。所以，花束会表现出奇异的变色现象来。

在实验过程中，要谨防该化学物质的毒性，实验的地方要通风，实验后要用肥皂洗手。

知识点

结 晶 水

结晶水又称水合水，是溶质从溶液里结晶析出时，晶体里结合着一定数目的水分子。很多晶体含有结晶水，但并不是所有的晶体都含有结晶水。当一种水合物暴露在较干燥的空气中，它会慢慢地失去结晶水，由水合物晶体变成粉末状的无水物，这一过程称为风化。有些无水物在湿度较大的空气中，会自动吸收水分，转变成水合物，这一过程称为潮解。

延伸阅读

氯 化 铜

氯化铜是蓝绿色斜方晶系晶体，相对密度2.54。在潮湿空气中易潮解，在干燥空气中易风化。易溶于水，溶于醇和氨水、丙酮。其水溶液呈弱酸性。加热至100℃失去两个结晶水。从氯化铜水溶液生成结晶时，在26℃～42℃得到二水物，在15℃以下得到四水物，在15℃～25.7℃得到三水物，在42℃以上得到一水物，在100℃得到无水物。

氯化铜对皮肤有刺激作用，粉尘刺激眼睛，可引起角膜溃疡。接触者要穿工作服、戴口罩、手套等劳保用品。离开接触后要洗淋浴。氯化铜主要用于颜料、木材防腐等工业，用做消毒剂、媒染剂、催化剂等。

人造飘雪

下面介绍一种"人造雪景"的简单制造方法。

把空铁罐头的顶盖去掉，在底上铺一层砸碎了的樟脑丸。再取一根带有绿色树叶的树枝倒挂在铁罐中，然后把铁罐放在火上渐渐加热。稍过一会儿，一种奇妙的现象出现了：绿色的树叶上积起了"白雪"，树枝也被"白雪"覆盖了。这"白雪"是什么东西？它是怎样得来的呢？

樟脑丸

如果闻一下它的气味，你就会发现"白雪"原来是樟脑丸的细粒。再看一看罐底，刚才放在那里的樟脑丸碎片几乎没有了。原来这个奇妙的现象是由樟脑丸经加热变化造成的。

现在市场上供应的樟脑丸并不是用樟脑做的，而是用一种从煤焦油中提炼出来的物质——"萘"做成的。通常把这种用萘做成的樟脑丸称做卫生球。萘在常温下是一种白色固体物质，它具有升华的性质。所谓升华就是指一种固体在受热时，可以不经过液体阶段就直接变为气体的现象。反过来，当气体冷却时，它也不经过液体阶段又可直接变为固体。上面的实验现象，便是由萘的升华所造成的：当铁罐加热时，萘便气化成为蒸气；蒸气上升遇到温度较低的枝叶时，又直接冷却凝成白色固体粉末。由于这层粉末是由蒸气骤然冷凝而成的，所以非常细，看起来和雪花差不多。

萘有驱虫作用，在放衣服的箱子里放上几粒卫生球，衣服便不会被虫蛀坏。也许你曾注意到刚从箱子里取出的衣服，往往带有卫生球的气味吧，这就是因为萘的升华作用，在衣服表面上沉积有少量的萘的缘故。只因箱子里的温度比较低，萘的升华速度比较慢，沉积在衣服上的数量极少，因此只能闻到气味而不容易观察到它的存在。

萘的主要来源是煤焦油。但是，从煤焦油里分离出来的萘，质量很差，总是含有不少的杂质。要使这种粗萘成为合乎一般工业使用规格的精萘，就必须进行精制。通常就是利用升华进行的：把粗萘加热到100℃左右，萘便升华成为气体，而杂质在这个温度内是不会变成气体的。然后把气体状态的萘引到较冷的空室里，使它冷凝成为固体。这种精萘的纯度可高达98.5%～99.5%。

知识点

樟脑丸

樟脑丸又叫樟脑精，是一种有机化合物，有天然樟脑丸与合成樟脑丸之分。含有萘的樟脑丸大多呈白色，气味刺鼻，且沉于水中，而天然樟脑丸则是光滑的呈无色或白色的晶体，气味清香，会浮于水中。天然樟脑丸常用于防虫、防蛀、防霉，也用来制药、香料等。

延伸阅读

萘的毒害性

萘的毒性比较大，人体会通过吸入、食入、经皮吸收等途径引发萘中毒。若是反复接触萘蒸气，可引起头痛、乏力、恶心、呕吐和血液系统损害。可引起白内障、视神经炎和视网膜病变。皮肤接触可引起皮炎。

水下"植物园"

我们能自己动手，用化学方法，让水中长出奇草异花来，成为一个水下"植物园"，你一定感兴趣吧！

在干净的玻璃缸（或透明的玻璃杯）内，放大半缸水，再加入重量为水重1/4～1/3的硅酸钠（俗称可溶玻璃，其水溶液又称水玻璃），然后用棒搅匀。为了使这座"植物园"布置得逼真有趣，可在缸中撒入一些洗净的砂砾，使之平铺缸底。再向缸中各个位置投入几粒黄豆那样大小的硫酸铜、硫酸镍、硫酸亚钴、硫酸锌等晶体（如果没有硫酸盐，也可用含这些金属离子的其他可溶性盐类代替），待十几分钟后，在缸底砂砾中便渐渐地长出各种形状、不同颜色的枝条来了。有的像树干，有的像海带，有的像珊瑚礁，真是五彩缤纷，绚丽异常。要问水下怎能长出这些东西来？那是化学变化的功能。因为硫酸铜、硫酸镍等都能和硅酸钠作用，生成不溶于水的有特定颜色的硅酸盐。那蓝色的枝条就是硅酸钴，翠绿色的"海带"是由硅酸镍所构成，棕红色的"珊瑚礁"是硅酸铁的特征，玻璃状无色半透明的"海草"则是锌盐、铝盐了。

硅酸钠

那又为什么能形成各种不同的形态呢？当把上述颗粒状固体投入含有硅酸盐的水中后，固体表面开始溶解，并马上和硅酸钠作用，生成了不溶性的呈各种颜色的硅酸盐膜，膜就将硫酸盐颗粒的表面围住。由于生成的硅酸盐的膜很薄，而且膜外的硫酸盐溶液浓度比膜内稀，这样水就向浓度大的膜内渗透。结果把膜胀破，膜内的盐溶液就流出来和硅酸钠接触，又生成新的硅酸盐薄膜。这样周而复始，不断地向上生长。同时，由于各种盐类的溶解度和生长过程中的环境不完全一样，因而长成的形状也就各异。水下"植物园"就是这样形成的。若要长期保存它，只要用虹吸方法边把硅酸钠换出，边加清水，直到硅酸钠全部换成清水为止。

知识点

溶 解 度

固体溶解度是指在一定温度下，这个固体物质在 100 克溶剂中达到饱和状态时所溶解的质量，叫做这种固体在这种溶剂中的溶解度。在没有说明的情况下，溶解度通常指的是物质在水里的溶解度。气体的溶解度，通常指的是该气体（其压强为 1 标准大气压）在一定温度时溶解在 1 体积水里的体积数。

延伸阅读

硅酸盐的用武之地

利用硅酸盐的这些性质，当然不只是为了做水下"植物园"，利用它生产的各种彩色玻璃在生产、科研和生活等方面都有着不少用处。例如炼钢工人通过工作帽子上所镶的蓝玻璃观察钢水时，就可以避免钢花耀眼的强光刺激眼睛；城市交通信号灯、水上的航标灯、机场的导航灯所用的不同颜色的玻璃罩，可用来帮助指挥车辆、轮船、飞机的安全行驶；各种光学仪器及摄影机常用它来作为有色滤光片。至于在瓷器上形成的光彩夺目、栩栩如生的彩绘，更是它的用武之地。

飞舞的纸蝴蝶

花丛中翩翩起舞的蝴蝶非常漂亮，那么，我们能拥有几只专门为自己跳舞的蝴蝶吗？答案是肯定的。

在干净的广口瓶里，盛入半瓶水，瓶口塞上一个有小孔的软木塞，孔里插上一个玻璃漏斗。漏斗管放得高一些，不要和水面接触。

用彩色纸剪成两三只小蝴蝶，再用软木做两三个直径略大于漏斗管孔径的小球，然后在每只蝴蝶的中心粘上一个软木小球，待用。

拔下瓶塞，用小羹匙舀取酒石酸粉末和碳酸氢钠（俗名小苏打）粉末各半匙倒入瓶中，并把瓶塞塞紧。此时，水中立即产生气泡。这是酒石酸和碳酸氢钠作用所放出的二氧化碳气体。放出二氧化碳的速度不急也不缓，相当均匀。这时，立刻把纸蝶放在漏斗里，就可以看到纸蝶栩栩如生地飞舞起来。这是瓶中的二氧化碳气流冲击纸蝶的结果。

在这些纸蝴蝶中，总有某一只因为受到重力的作用而先下滑，这时黏附在这只纸蝶上的软木小球就把漏斗孔盖住，使瓶内发生的二氧化碳气体一时跑不出来。但是经过几秒钟以后，瓶内的气体积聚多了，压力越来越大，终于把盖住漏斗孔的小球冲开，于是纸蝶就宛如真蝴蝶那样向上飞舞。随后，黏附在另一只纸蝶上的小球（也可能仍旧是原来的那只），又落在漏斗孔上，再次阻住气体的逸出。当瓶内的气体再增多时，又会把这只纸蝶推开。这样，一次、二次……反复地进行，纸蝶在漏斗里忽上忽下不停地运动，看起来就像是活蝴蝶在翩翩起舞了。

 知识点

酒 石 酸

酒石酸是一种羧酸，存在于多种植物中，也是葡萄酒中主要的有机酸之一。酒石酸易溶于水，溶于甲醇、乙醇，微溶于乙醚，不溶于氯仿。无臭味，味道极酸。酒石酸最大的用途是饮料添加剂，也是药物工业原料。作为食品中添加的抗氧化剂，可以使食物具有酸味。此外，酒石酸还是一个重要的助剂和还原剂，可以控制银镜的形成速度，获得非常均匀的镀层。

 延伸阅读

碳酸氢钠（小苏打）的妙用

在洗碗的时候往洗碗水里加少许小苏打，既不烧手，又能把碗、盘子洗得很干净。也可以用小苏打来擦洗不锈钢锅、铜锅或铁锅，小苏打还能清洗热水瓶内的积垢。方法是将50克的小苏打溶解在一杯热水中，然后倒入瓶中上下晃动，水垢即可除去。将咖啡壶和茶壶泡在热水里，放入适量的小苏打，污渍和异味就可以消除。将装有小苏打的盒子敞口放在冰箱里可以吸收异味，也可以用小苏打兑温水，清洗冰箱内部。在垃圾桶或其他任何可能发出异味的地方洒一些小苏打，也会起到很好的除臭效果。此外，还可以在湿抹布上撒一些小苏打，擦洗家用电器的塑料部件、外壳，既干净又亮堂。

▋▋ 腐蚀出的雕刻品

在温度计、量筒等玻璃仪器上，往往刻有道道清晰的刻度。你知道这是怎样刻出来的吗？不妨先来动手做一做下面的实验。

找半手掌大小的白铁片（即镀锌铁皮）一块，将它的表面擦干净，然

石　蜡

后用毛笔涂上一层熔化的石蜡。蜡层要尽量涂得薄而均匀。等到铁片上的石蜡凝固后，就可以用针笔或大号的针在上面画画。刻下的线条要深，要让铁片露出。但必须注意，不能使大片的石蜡破碎。刻好以后，小心地把蜡屑除去，再把铁片放在稀盐酸（1体积浓盐酸加5体积水）中，约浸5分钟后取出，用水冲洗干净。最后把铁片上的石蜡刮去或者加热让它熔化流走，铁片上就留有凹下去的画迹了。这种雕刻比用刀子一刀一刀地刻省力、省时得多。

这种雕刻的道理很简单，只不过是利用一种腐蚀作用罢了。稀盐酸和石蜡不会发生什么作用，因此铁片上被石蜡遮盖的部分就受到保护。只是在石蜡被针划破的地方，因为露出的锌、铁与稀盐酸在接触时，发生了化学反应，这样，没有蜡遮盖的部分，就产生明显的凹陷。玻璃仪器上的刻度，就是利用某种化学药品的腐蚀性加工出来的。它的制作过程大致和上面的实验相同，也是先在玻璃制品的表面涂上一层石蜡，再用针或刀在上面刻道道，最后用酸液进行腐蚀。只是因为盐酸对玻璃不起作用，所以改用专门"啃"玻璃的氢氟酸来腐蚀。

目前广泛应用于仪表、半导体收音机上的印刷电路板，也是以化学腐蚀法来生产的。先拿一块已经贴好铜箔的胶木板，在铜箔的一面按电路的图形印上一层保护层，然后把板放入三氯化铁溶液中，这时未被保护的那部分铜就与三氯化铁作用而被腐蚀掉。

此外，化学腐蚀的方法，还广泛地应用在腐蚀各种金属。例如：印刷厂里用来印制图画、照片或图表等的铜版、锌版，就是根据化学腐蚀这个原理制成的。

有利就有弊，腐蚀还有其可怕的一面。

就腐蚀的类型可分为湿腐蚀和干腐蚀两类。湿腐蚀指金属在有水存在下的腐蚀，干腐蚀则指在无液态水存在下的干气体中的腐蚀。由于大气中普遍含有水，化工生产中也经常处理各种水溶液，因此湿腐蚀是最常见的，但高温操作时干腐蚀造成的危害也不容忽视。

　　湿腐蚀是金属在水溶液中的腐蚀，是一种电化学反应。在金属表面形成一个阳极和阴极区隔离的腐蚀电池，金属在溶液中失去电子，变成带正电的离子，这是一个氧化过程即阳极过程。与此同时，在接触水溶液的金属表面，电子有大量机会被溶液中的某种物质中和，中和电子的过程是还原过程，即阴极过程。常见的阴极过程有氧被还原、氢气释放、氧化剂被还原和贵金属沉积等。

　　随着腐蚀过程的进行，在多数情况下，阴极或阳极过程会受到阻滞而变慢，这个现象称为极化，金属的腐蚀随极化而减缓。

　　干腐蚀一般指在高温气体中发生的腐蚀，常见的是高温氧化。在高温气体中，金属表面产生一层氧化膜，膜的性质和生长规律决定金属的耐腐蚀性。膜的生长规律可分为直线规律、抛物线规律和对数规律。直线规律的氧化最危险，因为金属腐蚀随时间以恒速上升。抛物线和对数的规律是氧化速度随膜厚增长而下降，较安全。如铝在常温下氧化遵循对数规律，几天后膜的生长就停止，因此它有良好的耐大气氧化性。

知识点

石　蜡

　　石蜡是从石油、页岩油或其他沥青矿物油的某些馏出物中提取出来的一类矿物蜡，为白色或淡黄色半透明物，具有相当明显的晶体结构。石蜡溶于汽油、二硫化碳、二甲苯、乙醚、苯、氯仿、四氯化碳等，不溶于水和甲醇。根据加工精制程度的不同，石蜡可分为全精炼石蜡、半精炼石蜡和粗石蜡3种。每类蜡又按熔点，一般每隔2℃，分成不同的品种。

延伸阅读

均匀腐蚀和局部腐蚀

　　腐蚀的形态可分为均匀腐蚀和局部腐蚀两种。在化工生产中，后者的危害更严重。

均匀腐蚀是指腐蚀发生在金属表面的全部或大部，也称全面腐蚀。多数情况下，金属表面会生成保护性的腐蚀产物膜，使腐蚀变慢。有些金属，如钢铁在盐酸中，不产生膜而迅速溶解。通常用平均腐蚀率（即材料厚度每年损失若干毫米）作为衡量均匀腐蚀的程度，也作为选材的原则。一般年腐蚀率小于 1~1.5 毫米，可认为合用（有合理的使用寿命）。

局部腐蚀是指腐蚀只发生在金属表面的局部，其危害性比均匀腐蚀严重得多，它约占化工机械腐蚀破坏总数的 70%，而且可能是突发性和灾难性的，会引起爆炸、火灾等事故。

制作自动变大的气球

篮球瘪了，要用打气筒打气，球才会重新鼓起来。就是那小小的玩具气球，如果不吹气，它同样不会鼓起来。

平底烧瓶

现在我们来做一个不用打气也不用吹气，却能使气球自动变大的实验。找一个干燥的、容量约 1 000 毫升的平底烧瓶（其他瓶子也可以，瓶越大，气球也就吹得越大），并且配上橡皮塞。塞上钻一个小孔，孔径恰好能紧密地插进一根中空的玻璃管。在这支玻璃管的顶端紧紧扎上一个小的彩色气球。气球扎好后，从玻璃管向球里吹气几次，以检查捆扎是否有漏气现象。准备妥当后，以供后面实验使用。接着，在一支较大的试管中放入氯化铵和消石灰各约 5~10 克，混和均匀，再配以橡皮塞和导管，装配成制取氨气的装置。然后将前面准备好的平底烧瓶用手握住，倒覆在导管上，并在烧瓶口用一团棉花松松地塞住。最后加热试管底部。氯化铵和消石灰受热后，很快就发生反应，生成了氯化钙、水和氨气。

氨气比空气轻，从导管逸出后，能把平底烧瓶中空气排出来。当烧瓶充满了氨气后（可用一张湿的红色石蕊试纸来检查，若放在瓶口的试纸变蓝，即表示瓶中已充满了氨气），立即用前面准备好的带有导管和气球的橡皮塞塞紧。气球在瓶内仍然是瘪的。

一切准备工作做好以后，便可以进行自动吹气球的实验了。这时，只要稍稍拔开瓶塞，迅速地往瓶里倒入约 50 毫升的水，再塞紧橡皮塞，轻轻地摇动烧瓶。过一会儿，气球就慢慢地自动大起来。

原因很简单：用打气筒往篮球里打气或往气球里吹气，当球里气体的压强大于球外大气压强时，球就会鼓起来。而在这个实验里，气球的胀大似乎很奇怪，其实道理完全一样。只不过是通过减少气球外部气体压强的方法，使气球内的压强相对变大。当向盛有氨气的瓶子里倒一些水后，瓶中的氨气就迅速地溶解在水中。这时，瓶内气体变得很稀薄，它的压强就明显地小于瓶外的大气压。可是气球内部是通过玻璃管和大气相通的，它的压强仍然和大气压一样。这样，气球内外压强不平衡，且由于气球的外部压强小于气球内部的大气压强，所以大气自动地把气球"吹"大起来了。

灌制氢气球还有很多方法，下面介绍一些。

方法一

【实验用品】

一只短颈大肚空酒瓶、气球、水盆、玻璃棒、细线、热水。

【实验步骤】

（1）用玻璃棒把气球塞进瓶子内，把气球反扣在瓶口上。使劲给气球吹气，观察气球能否吹大到占据整个瓶内空间。

（2）把气球从瓶中取出，并正套在瓶口上，用细线拴紧。再把瓶子慢慢地斜放在盛有热水的水盆中，使气球露在水外，观察气球是否逐渐被吹大。

实验中当气球吹气口反扣在瓶口后吹气时，瓶内的空气不能逸出瓶外。一定要形成封闭条件，否则实验会失败。另外买应逐渐把瓶子放在热水中，以防止瓶子炸裂。

方法二

【实验用品】

启普发生器、具支试管（两个）、单孔橡皮塞、直角玻璃管、玻璃棒、三通管、双联打气球、气球泡、锌粒、稀硫酸（1:4）。

【实验步骤】

（1）将两个具支试管配上带有直角玻璃管的单孔橡皮塞。塞内玻管上套上一段长约25厘米的胶皮管。胶皮管的另一端用一小段玻璃棒堵住，中部用锋利的小刀划破一条长约1厘米的直缝（最好先在胶皮管内垫一硬物，然后用小刀划一道缝），制成两个相同的单向阀。其工作原理是：当给胶皮管内的气体加压时，气体可以从管内的直缝里挤出来；而给胶皮管外的气体加压时，胶皮管的直缝就越压越紧，气体就不能进入管内。然后用三通管将两个单向阀和一个双联打气球串联在一起。在进气阀导管上连接氢气源（启普发生器），在出气阀的导管上连接气球泡。

（2）启开氢气源（启普发生器或贮气瓶）。

（3）捏放双联打气球，排出具支试管和双联打气球内的空气。

（4）接上气球泡。

（5）捏放双联打气球，把氢气压入气球泡内，待气球泡胀后小心取下，用棉线系紧气球泡口，松手，氢气球便腾空而起。

方法三

【实验用品】

搪瓷碗、食品袋、双孔橡皮塞、直角导管（两根）、胶皮管（两根、各带弹簧夹）、橡皮唧气球（气唧）、塑料玩具球、U形管（两臂均塞有直角导管的单孔塞）、水槽、漏斗、托盘天平、废铝片、氢氧化钠溶液（工业用、20%）、变色硅胶。

【实用步骤】

（1）称取7克废铝片于搪瓷碗内，将此碗放入食品袋底部，袋口扎一个插有两根直角导管的双孔橡皮塞，直角导管都连接带弹簧夹的胶皮管A和B。夹紧胶皮管A的弹簧夹，将胶皮管B与橡皮唧气球出气端连接，用气唧抽去食品袋中空气，夹紧胶皮管B的弹簧夹，拔去气唧。

（2）扭开胶皮管A的弹簧夹，用漏斗加入62.5克氢氧化钠溶液于搪瓷碗内，夹紧弹簧夹，铝和氢氧化钠就逐渐反应，由慢到快，同时有大量热产生，为此把袋放在盛水的水槽中，不断用冷水冲淋，整个反应约5分钟左右完成。

（3）袋中收集的是氢气和水蒸气混和物，冷却到室温，将胶皮管 B 连接到装硅胶的 U 形管和气唧出气端，扭开胶皮管 B 的弹簧夹，鼓动几下气唧，抽掉 U 形管内空气，再在气唧管口套上塑料玩具球，不断鼓动气唧，就可制得氢气球。

【实验分析】

（1）采用食品袋做反应器和收集器，不仅取材容易，而且安全、实用。如用小口玻璃容器，则当反应剧烈时，气体要向外冲出，很不安全。

（2）食品袋宜大不宜小，若袋小气量多，就会使袋胀破，造成手足无措的情况。

（3）制得的混和气必须冷却、干燥。否则气球升不起来，或停留在空间的时间短。

（4）食品袋在水槽中用冷水冲淋时要掌握得当，若温度过低，不利于反应速度。

（5）橡皮气唧的两端，分别为出气端和进气端，若系统连接进气端，则鼓动气唧时，气体进入容器，若连接出气端，则鼓动后气体被抽出。

这个实验也可用稀硫酸和少量稀盐酸组成的混合酸代替氢氧化钠，效果也很好。

方法四

【实验用品】

啤酒瓶、气球；锌粒、稀硫酸（1:4）。

【实验步骤】

取一个啤酒瓶，洗净，加入适量的锌粒和稀硫酸（锌粒和稀硫酸的总体积不能超过瓶子容积的 1/3），用湿布包住瓶子，将气球套在瓶子上，不久即能使气球充满氢气。

【实验分析】

事前要用打气筒或用嘴吹气使气球膨胀，放气后再充气，以便充氢气时膨胀迅速。为了防止反应过程中产生的大量热使瓶子炸裂，需要用湿布

包住瓶子。

知识点

消 石 灰

消石灰是俗称，正式的学名是氢氧化钙，是一种白色粉末状固体。消石灰具有碱的通性，是一种强碱，其碱性比氢氧化钠强，但由于氢氧化钙的溶解度比氢氧化钠要小得多，所以氢氧化钙溶液的腐蚀性和碱性要比氢氧化钠小。消石灰主要用于制漂白粉、硬水软化剂，改良土壤酸性，自来水消毒澄清剂及建筑工业等。

延伸阅读

高空低气压对人体的影响

大家知道，高空的气体是十分稀薄，那里的气压要比地面的低得多。习惯在地面上生活的人，体内的一切功能都是和地面的气压相适应的。如果人在没有特殊保护的情况下，置身在高空的低压环境中，体内的组织就好像放在那烧瓶里的气球一样，因内外压强的不平衡而不适应。这样一来，人体血液中所含的气体沸腾而出，若堵塞血管，妨碍血液流通，人也就会因此死亡。所以，进行宇宙飞行的宇宙飞船，它的机舱是密封的，飞船内气体压力要设法维持接近于地面的正常气压。这样人们在宇宙飞船内，才可以正常生活。为了确保安全，宇宙飞行员还要穿宇宙服。宇宙服也是密封的，必要的时候它可以代替密封飞船的作用，保护宇航员的安全。

燃烧爆炸实验

燃烧爆炸实验是化学中常见的一类实验，实际上爆炸也是燃烧，只不过更激烈、更迅速些罢了。燃烧必须具备3个条件：可燃性物质、支持燃烧的物质（如氧气）和达到着火点的温度。3个条件同时具备了，燃烧和爆炸也就自然而然地发生了。氢气、氧气、乙炔、高锰酸钾能够燃烧、爆炸，一些粉尘，如面粉、花丝纤维、铝粉等在一定条件下也是可以燃烧，甚至爆炸的。

燃烧的高锰酸钾

【实验用品】

大试管、铁架台（带铁夹）、药匙、小漏斗、浓硫酸、酒精、高锰酸钾。

【实验步骤】

在一个大试管里，加入1/3体积的浓硫酸，然后沿着试管内壁缓缓加入1/3浓硫酸体积的酒精（这时，因酒精的密度比浓硫酸的密度小，可见两液体之间有一个明显的界面）。演示时，用药匙取少量高锰酸钾粉末放入试管中，很快即可观察到两液界面上断续发出耀眼的白光，并不断伴有清脆的炸裂声。为了安全，可在试管口上方夹持一个有一定角度的漏斗，以防一些具有腐蚀性的液体从试管里飞溅出来。

【实验分析】

粉末状的高锰酸钾与浓硫酸相遇，立即反应生成绿色油状的高锰酸酐（Mn_2O_7）。它在常温下即会爆炸分解生成 MnO_2、O_2、Mn_2O_7，有极强的氧化性，一遇有机物就发生燃烧。

这个实验很适合在暗处观察。因实验过程中发出的白光，在暗处会更明显。实验过程中，可以不时补充一些高锰酸钾粉末，持续时间可长达半小时以上。实验自始至终都应注意安全，除了装置上加放一个斜的漏斗防止废液飞溅之外，最后拆卸仪器、处理废液、洗涤试管的过程中，都应注意安全。

浓硫酸

浓硫酸俗称坏水，指浓度大于或等于70%的硫酸溶液。浓硫酸在浓度高时具有强氧化性，这是它与普通硫酸或普通浓硫酸最大的区别之一，同时还具有脱水性、强氧化性，难挥发性、酸性、稳定性、吸水性等。

氧化性与还原性

氧化性是指物质在化学反应中得电子的能力。处于高价态的物质一般具有氧化性，如：部分非金属单质：O_2、Cl_2；部分金属阳离子：Fe^{3+} 等。与氧化性相对应的是还原性，还原性就是物质在化学反应中失去电子的能力。处于低价态的物质一般具有还原性，如：部分金属单质：Cu、Ag，部分非金属阴离子：Br^-，I^- 等。

闪烁的白磷

【实验用品】

试管（φ30 毫米×110 毫米）、500 毫升烧杯、分液漏斗、铁架台（带铁夹）、镊子、氯酸钾、白磷、浓硫酸。

【实验步骤】

（1）在一个大试管里加入 3/4 容积的水，然后加入约 8 克固体氯酸钾，在氯酸钾层的上面，放置绿豆粒大小的两粒白磷，把试管浸入盛水的大烧杯中并固定在铁架台上。在分液漏斗里加入浓硫酸，把分液漏斗插进盛有水、氯酸钾和白磷的试管中，使漏斗的下口和白磷接触。

分液漏斗

（2）扭开分液漏斗的活塞，使浓硫酸缓慢滴在白磷上（不要加入太快!），可以观察到水下闪烁着火花，同时还可听到水下的混和物发出爆裂声。

【实验分析】

这里引燃白磷所需要的氧气和热量是靠水下的氯酸钾和浓硫酸之间的反应供给的。浓硫酸与氯酸钾发生下列的化学反应：

$$KClO_3 + H_2SO_4 =\!=\!=\!= KHSO_4 + HClO_3$$

由于溶液中有浓硫酸存在，氯酸将加速分解并放热。

$$3HClO_3 =\!=\!=\!= HClO_4 + H_2O + 2ClO_2$$

生成的二氧化氯溶于硫酸使溶液呈淡黄绿色，二氧化氯不稳定易分解：

$$2ClO_2 =\!=\!=\!= Cl_2 + 2O_2$$

所以当浓硫酸跟氯酸钾接触时，有氧气和氯气产生，同时有热量放出，达到了白磷的燃点，导致了白磷在水中剧烈氧化而燃烧起火。

氯酸钾与白磷接触形成一种十分危险的爆炸物，因此必须注意安全。本实验一定要让氯酸钾在水中形成一层后再放入白磷，切不可把白磷放在氯酸钾上再加水。

实验完毕，如果取用的白磷没有全部反应完，必须用镊子小心取出，在通风橱内使它燃烧掉。严禁用手直接去取。

该实验也可用大试管和移液管进行。方法是：在一个大试管里，加入4~5克氯酸钾的固体，沿试管口内壁缓缓加入约为试管体积1/2的水，然后投入黄豆样大小的一块白磷。将试管夹持在铁架台上。然后用移液管吸取浓硫酸，将浓硫酸直接移放到试管底部。当浓硫酸跟氯酸钾、白磷接触时，水下不断闪烁耀眼的火光，同时还能听到从水底发出的炸裂声。

知识点

$$\varphi$$

φ是第二十一个希腊字母，小写φ在工程学中，表示圆柱材料器材的直径，如φ10即为10个单位直径。在物理学中，表示磁通量或电势。在函数$y = a\sin(\omega x + \varphi)$中表示向左向右平移大小。本文采取的是工程学的含义。

延伸阅读

剧毒白磷

白磷是白色或浅黄色半透明性固体。质软，温度较低时性脆，见光颜色变深。暴露空气中在暗处产生绿色磷光和白色烟雾。白磷是一种易自燃的物质，其着火点为40℃，可因摩擦或缓慢氧化而产生的热量使局部温度达到40℃而燃烧。另外，白磷有剧毒，误服白磷后很快产生严重的胃肠道刺激腐蚀症状。大量摄入可因全身出血、呕血、便血和循环系统衰竭而死。人的中毒剂量为15毫克，致死量为50毫克。

钢花四溅

【实验用品】

铁坩埚、铁架台、铁圈、泥三角、酒精灯、玻璃棒、玻璃片、还原铁粉、木炭粉、高锰酸钾粉末。

【实验步骤】

（1）取等量（1~2药匙）的铁粉、木炭粉、高锰酸钾粉放在玻璃片上混和均匀，将混和物移入铁坩埚中，用酒精灯加热。

（2）加热一段时间，坩埚内开始有火花放出。这时移开酒精灯停止加热，坩埚里反应仍猛烈进行，一束束火花迸射出来。若在黑暗处进行实验，看到耀眼的火星四射，非常好看。

【实验分析】

铁粉、木炭粉都能在氧气中燃烧；在加热条件下高锰酸钾分解放出氧气：

$$2KMnO_4 \xrightarrow{\triangle} K_2MnO_4 + MnO_2 + O_2 \uparrow$$

木炭粉、铁粉的燃烧反应：

$$C + O_2 === CO_2$$

$$3Fe + 2O_2 === Fe_3O_4$$

碳燃烧生成的二氧化碳将炽热的铁火星带出，铁又在氧气中燃烧，形成一束束火花迸射出来。

碳和铁的燃烧都是放热反应，只要反应一旦发生，放出的热量就可使高锰酸钾不断分解，燃烧反应就可一直猛烈进行下去。

木炭和高锰酸钾一定要研成细粉（研磨时两种物质必须分开，不能混在一起），铁粉要用未被氧化的还原铁粉。

为提高兴趣，可在混和物中掺入少量钙、锶、铜等的硝酸盐，利用它们燃烧时的焰色反应会在一束束"钢花"中夹杂着红色、绿色的火焰。

还 原

　　还原是指用化学或电化学方法引起的以下的作用或过程：除去非金属元素以产生金属；从某物质除去氧；与氢化合或受氢作用；改变某种元素或离子从较高的氧化态至较低的氧化态。

延伸阅读

绚烂的焰色反应

　　焰色反应也称做焰色测试及焰色试验，是某些金属或它们的化合物在无色火焰中灼烧时使火焰呈现特征的颜色的反应。在化学上，焰色反应常用来测试某种金属是否存在于化合物。同时利用焰色反应，人们在在烟花中有意识地加入特定金属元素，使焰火更加绚丽多彩。金属或它们的化合物在灼烧时能使火焰呈特殊颜色。这是因为这些金属元素的原子在接受火焰提供的能量时，其外层电子将会被激发到能量较高的激发态。处于激发态的外层电子不稳定，又要跃迁到能量较低的基态。不同元素原子的外层电子具有不同能量的基态和激发态。在这个过程中就会产生不同的波长的电磁波，如果这种电磁波的波长是在可见光波长范围内，就会在火焰中观察到这种元素的特征颜色。利用元素的这一性质就可以检验一些金属或金属化合物的存在。

■■ 粉尘爆炸

【实验用品】

　　小塑料漏斗、橡胶管、软木塞、玻璃球、透明无底广口瓶（最好是装药的大广口瓶）、吹气球，烤干的面粉、蜡烛等。

【实验步骤】

（1）取一块木板，中间掏一个较无底广口瓶口稍大一点儿的圆孔，把广口瓶的颈部插进孔内，使其颈部能露在木板的下面。

（2）选用一只软木塞（刚好塞住无底广口瓶的口），在一边打一个孔，另一边插上一根大头针，固定一支较长的蜡烛。

（3）软木塞的孔中插入小塑料漏斗，使漏斗的喇叭口向上放在瓶内，喇叭口上放一只玻璃球卡住，漏斗下端露在木板下，接上橡胶管，橡胶管再连接到吹气球上。如图装置好，无底广口瓶上盖一块纸板。

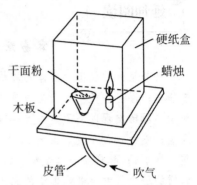

硬纸盒
干面粉
蜡烛
木板
皮管
吹气

（4）取下广口瓶上的纸板，在漏斗里加入烤干的面粉，点燃蜡烛，盖好纸板。随即用吹气球向漏斗鼓气，就在干燥面粉在广口瓶里飞扬弥漫到整个空间的同时，爆炸声起，纸板腾空了。

【实验分析】

当可燃性粉尘（如面粉、花丝纤维、铝粉等）飘扬弥漫在空气中，或者可燃气（如沼气、一氧化碳、汽油蒸气、液化气等）充分与空气混和（在各种气体爆炸极限内），遇明火，则将在瞬间引起整个空间连锁性的剧烈反应。由于剧烈反应发生的时间短，产生的热量集中，使生成的气体物质和原有气体体积急剧膨胀，形成极高的内压，从而导致爆炸现象的发生。所以，在相关场所严禁明火，是安全生产的需要。

此实验，注意尽量缩短点燃蜡烛与鼓气之间的时间。

知识点

沼　气

沼气是指有机物质在一定温度、湿度、酸碱度和厌氧条件下，经各种微生物发酵及分解作用而产生的一种以甲烷为主要成分的混合可

燃气体。由于这种气体最先是在沼泽中发现的，所以称为沼气。人畜粪便、秸秆、污水等各种有机物在密闭的沼气池内，在没有氧气的条件下发酵，即被种类繁多的沼气发酵微生物分解转化，从而产生沼气。

延伸阅读

容易发生爆炸的粉尘

凡是呈细粉状的固体物质均称为粉尘。能燃烧和爆炸的粉尘叫做可燃粉尘；浮在空气中的粉尘叫悬浮粉尘；沉降在固体壁面上的粉尘叫沉积粉尘。现已发现以下7类物质的粉尘具有爆炸性：金属（如镁粉、铝粉）；煤炭；粮食（如小麦、淀粉）；饲料（如血粉、鱼粉）；农副产品（如棉花、烟草）；林产品（如纸粉、锯末）；合成材料（如塑料、染料）。这些物质的粉尘易发生爆炸燃烧的原因是都含有较强的还原剂 H、C、N、S 等元素，当它们与过氧化物和易爆粉尘共存时，便发生分解，由氧化反应产生大量的气体，或者气体量虽小，但释放出大量的燃烧热，如果热量不能及时地释放出去，就有发生爆炸燃烧的可能。

▌▌▌火药燃烧爆炸

火药是我国古代四大发明之一。它是用硝石、硫磺、木炭按一定比例混和而成。由于木炭的颜色，配成的火药呈黑色，所以又称黑色火药。

黑火药

黑色火药的配方，根据使用的要求略有出入。一般地讲，含硝石少一些的，燃烧速率较慢；含硝石多的，爆炸力强。一般的配方含硝酸钾75%，木炭15%，硫磺10%。

火药为什么会爆炸呢？

原来爆炸是一种剧烈的燃烧现象。黑色火药的3种成分，不但分别磨得很细，混和得又很均匀，而且紧紧地填装在密闭的容器里。点燃后，木炭和硫能从周围的硝酸钾中取得氧而激烈地燃烧，燃烧所放出的热又使木炭和硫更快地燃烧。由于反应的传递非常迅速，反应非常剧烈，同时放出的气体（二氧化碳、二氧化硫等）受热迅速膨胀，以致在瞬间造成了很大的压力，终于猛烈地冲破容器的包围，发生了爆炸。

有没有办法减缓火药爆炸这一过程，使我们能够从容地、安全地进行观察呢？

硝酸钾晶体

取试管一支，放入 3～4 克硝酸钾固体，用夹子把试管直立地固定在铁架上，然后用酒精灯加热。当硝酸钾熔化成液体后，再取大小如赤豆般的木炭一小块，投进试管中，并继续加热。当温度达到一定程度以后，木炭便在熔融的硝酸钾液体上突然跳跃起来，并且发出灼热的火光。这时应该立即把酒精灯移开，继续观察木炭跳跃的现象。如果木炭停止了跳跃，可重新加热，那么，木炭又会继续跳跃起来。

木炭为什么会突然灼热、发出红光，并且跳跃呢？灼热发光是木炭燃烧的现象。因为任何化学反应都必须在反应物达到一定温度时才能发生。正如煤、木炭等在空气中必须预先加热到一定温度才会燃烧起来，发出光和热一样，木炭与硝酸钾之间的反应也是如此。因此，加热到反应开始以前，木炭并不燃烧，它只是静静地躺在硝酸钾上，毫无动静。一旦开始反应，反应所放出的大量的热便足以使小小的一块木炭在一瞬间灼热发光。

木　炭

这就是木炭突然灼热发光的道理。

木炭在硝酸钾上跳跃，是木炭与硝酸钾反应时产生了二氧化碳气体的缘故。由于反应的部位恰好在木炭和硝酸钾接触的地方，即在木炭的下方，所以这些气体便会把木炭托起来，看上去好像是在向上跳跃一样。当木炭跃起，与硝酸钾脱离后，反应便中断了，气体不再发生，木炭也就受重力的作用而重新落下。当木炭再次落在硝酸钾液体上的时候，便又发生了第二次跳跃。

这个实验十分有趣，但是绝不能采用较大的木炭。因为这个反应从整体讲来，木炭和硝酸钾的接触面比较小，反应不太剧烈；但从局部讲来，反应还是相当剧烈的，木炭的温度可高达1 000℃以上。如果木炭太大了，反应进行得过于激烈，它就有可能从试管中跳了出来，也可能把试管炸开。因此，做这个实验时，为了预防万一，还要求实验者把整个装置放在水泥地上或泥地上进行，装置的附近不能有可燃物，人也要距离试管1米以外。

那么，在做这个趣味实验的时候，是不是可以用硫代替木炭进行实验呢？答案是：绝对不可以，这是十分危险的。因为硫是一种比较容易熔化的固体，它在熔融的硝酸钾里马上熔化。这样一来，熔化的硫与硝酸钾接触面积很大，反应十分剧烈，放出的热量和气体很可能来不及排出而使试管爆炸。因此，千万不能用硫代替木炭做这个实验。

硫晶体

火药中的硫与硝酸钾的作用，和木炭相似。硫和硝酸钾到底是"何方神圣"呢？为什么它们有这么大的威力？让我们来慢慢揭秘这两位"神秘杀手"。硫（S），通常为淡黄色晶体，化学性质比较活泼，能与氧、金属、氢气、卤素（除碘外）及已知的大多数元素化合。还可以与强氧化性的酸、盐、氧化物，浓的强碱溶液反应。它存在正氧化态，也存在负氧化态，可形成离子化合物、共价化合物和配位共价化合物。硫在工业中很重要。比如作为电池中或溶液中的硫酸，硫被用来制造火药。硫也是生产橡胶制品的重要原料。硫还被用来杀真菌，用做化肥。硫化物在造纸业中用来漂白。硫还可用于制造黑色火药、焰火、火柴等。硫代硫酸钠和硫代硫酸氨在照相中做定影剂。硫又是制造某些农药（如石灰硫磺合剂）的原料。硫酸镁可用做润滑剂，被加在肥皂中和轻柔磨砂膏中，也可以用做肥料。

医疗上，硫还可用来制硫磺软膏医治某些皮肤病等等。硝酸钾（KNO_3），为无色透明斜方或菱形晶体白色粉末，易溶于水，不溶于乙醇，在空气中不易潮解，该产品为强氧化剂，与有机物接触能燃烧爆炸。主要用于制黑色火药、焰火、火柴、导火索、烛芯、烟草、彩电显像管、药物、化学试剂、催化剂、陶瓷釉彩、玻璃、肥料及花卉、蔬菜、果树等经济作物的叶面喷施肥料等。另外，冶金工业、食品工业等将硝酸钾用做辅料。

知识点

卤 素

卤素即卤族元素，指周期系ⅦA族元素。包括氟（F）、氯（Cl）、溴（Br）、碘（I）、砹（At）元素。卤素在自然界都以典型的盐类存在。卤族元素的单质都是双原子分子，它们的物理性质的改变都是很有规律的，随着分子量的增大，卤素分子间的色散力逐渐增强，颜色变深，它们的熔点、沸点、密度、原子体积也依次递增。卤素都有氧化性，氟单质的氧化性最强。卤族元素和金属元素构成大量无机盐，此外，在有机合成等领域也发挥着重要的作用。

延伸阅读

"伏火"

火药的研究开始于古代道家炼丹术，虽然古人炼丹术的目的和动机是出于炼制长生不老药，但最后却导致了火药的发明。火药的诞生大大推进了历史发展的进程，是欧洲文艺复兴的重要支柱之一。炼丹家对于硫磺、砒霜等具有猛毒的金石药，在使用之前，常用烧灼的办法"伏"一下，"伏"是降伏的意思，意即使毒性失去或减低，这种手续称为"伏火"。唐初医学家、炼丹家孙思邈在"丹经内伏硫磺法"中记有：硫磺、硝石各二两，研成粉末，放在砂罐子里。掘一地坑，放锅子在坑里和地平，四面都用土填实。把没有被虫蛀过的三个皂角逐一点着，然后夹入锅里，把硫磺和硝石起烧焰火。等到烧不起焰火了，再拿木炭来炒，炒到木炭消去三分之一，就退火，趁还没冷却，取入混合物，这就伏火了。

▮▮ 水下火山

水是灭火的，难道水下也能喷出火来？在化学的世界里，一切都是有可能发生的。下面这个小小的化学实验，可以让大家见证这种不可能的发生。

取硝酸钾 5 份、硫磺粉 2 份、木炭粉 1 份，分别研细，然后混和配成黑色火药备用。

做 1 只纸筒，高 2 分米、直径 1 分米。一端封口，然后用熔融松香在整个筒表面上涂上一层。然后向纸筒里装入约占筒高 1/4 的细沙，再把黑色火药装满，插一根引火线，最后把黑色火药压紧。

引火线是用棉绳浸透浓硝酸钾溶液，晒干而成。

把装好火药的纸筒直立在空玻璃杯里。仔细向玻璃杯注水接近纸筒口，注水时不要弄湿纸筒里的黑色火药。

点燃引火线，不久就可以看到大量烟尘和火焰从纸筒里喷出来。随着火药的燃烧，纸筒也烧起来。燃烧蔓延到水下部分，直到火药烧完为止。

点火以前，纸筒口不得被水浸湿，否则无法点燃。纸筒表面涂的一层松香，可防止水渗入筒内。筒底放沙可以使筒底加重，防止纸筒在注水后倾倒或浮起。

水是灭火的，为什么燃烧能在水下进行呢？

通常情况下，水确实可以熄灭一般可燃物的燃烧。因为它可以使可燃物隔绝空气，同时又起降温作用，使可燃物的温度降到其燃点以下。但对于这个火药燃烧的实验，水是无能为力的。因为火药里的硝酸钾在受热时能放出氧，所以它的燃烧不需要空气助燃。另外，火药一旦点燃，就产生大量的炽热的气体。气体向外喷射，其压强足以把水冲开，因此也无法使可燃物降温。

火药是会爆炸的，为什么这个实验只是喷火而没有爆炸呢？一个原因是它的配方里含硝酸钾比较少，供氧少，燃烧速率比较低；另一个原因是装火药的纸筒不是密封的，燃烧所产生的气体能够及时排出，不会积累成高压而使外壳爆破。

实际上，水下爆炸的例子也并不少见。如疏浚航道时，就是利用炸药在水中将险滩暗礁炸掉；军事上，也可以用深水炸弹炸毁敌潜艇。

在化工生产中，有一种加热方法叫做浸没燃烧。浸没燃烧法是一种高效燃烧方法。它预先将燃气与空气充分混合，送入燃烧室进行完全燃烧，让高温烟气直接喷入液体中，从而加热液体。其燃烧过程属于无焰燃烧，传热过程则属于直接接触传热。

浸没燃烧效率高，可达 90% ~ 96% 以上，水在进行低温加热时热效率接近100％。由于高温烟气从液体中鼓泡排出，气液两相进行直接接触传热，且气液混合与搅动十分强烈，大大增加了气液间的传热面积，强化了传热过程，烟气的热量最大限度地传给了被加热液体，排烟温度低。这种加热方法比较简便，投资少，传热效率高。

浸没燃烧应用较广，如海水、矿物水及酸碱洗液的加热，集中供热系统，采矿，造纸，木材加工，全自动汽车洗涤，纺织业，洗衣店，污水控制与处理池（维持池水温度以确保持续的高级生物分解，特别在那些一年四季温度相差很大的地区）等等。可利用浸没燃烧所得的汽气混合气获得工艺所需气体（N_2和CO_2），并用它来清洗物体的内外表面、消毒和解毒。

可见，生活和工作中，并不乏"水下火山"的现象，这些都是科学家和科研工作者智慧的结晶。同时，这些发明和化学实验的应用，确实为人们的工作和生活造福不小。

松 香

松香是松树树干内部流出的油经高温熔化成水状，干结后变成块状固体（没有固定熔点），其颜色焦黄深红，是重要的化工原料，日常生活方面主要用在电路板焊接时做助焊剂，在乐器方面松香被涂抹在二胡、提琴、马头琴等弦乐的弓毛上，用来增大弓毛对琴弦的摩擦。

硝酸钾对身体的损害

硝酸钾的粉尘对呼吸道有刺激性，高浓度吸入可引起肺水肿。大量接触可引起高铁血红蛋白血症，影响血液携氧能力，出现头痛、头晕、紫绀、恶心、呕吐。严重者引起呼吸紊乱、虚脱，甚至死亡。口服可引起剧烈腹痛、呕吐、血便、休克、全身抽搐、昏迷，甚至死亡。对皮肤和眼睛有强烈刺激性，甚至造成灼伤。

氧在氢气中燃烧

【实验用品】

粗玻璃管（内径约 20 毫米）、玻璃导管、启普发生器、大试管、铁架台（带铁夹）、酒精灯、锌粒、稀硫酸、高锰酸钾。

【实验步骤】

（1）把仪器安装好。

（2）打开启普发生器的活塞，向 A 管中通入氢气。稍通片刻，待 A 管中氢气很纯时，移火焰到 A 管管口，将氢气点燃。

（3）加热高锰酸钾制取氧气，氧气沿着 B 导管流出，然后将 B 管移到 A 管的下端，使 B 管管口与 A 管管口相平。在 B 管管口出现一个黄色的小火焰，将 B 管逐渐伸进 A 管内，火焰就更为明亮。

【实验分析】

从实验现象看是氧气在氢气中燃烧，但反应的本质仍然是氢气被氧化，也就是氢气燃烧。

实验中要注意，要待 A 管中氢气很纯时，才可移火焰到 A 管管口，否则不安全。

知识点

启普发生器

启普发生器是一种气体发生器，又称启氏气体发生器或氢气发生器，是荷兰科学家启普发明的，并以他的姓氏命名。启普发生器用普通玻璃制成，常被用于固体颗粒和液体反应的实验中以制取气体。典型的实验就是利用稀盐酸和锌粒制取氢气。

延伸阅读

氢气的燃烧

纯净的氢气可以在空气中平静地燃烧，火焰呈淡蓝色，生成物是水，燃烧时放出的大量的热。点燃时只发生爆鸣，不发生爆炸。空气中氢气的燃烧界限是 5% ~ 75%，是氢气燃烧的爆炸极限。

氧气与氢气混合爆炸

【实验用品】

启普发生器、水槽、无底玻璃瓶、大试管、铁架台（带铁夹）、酒精灯、橡皮塞、铁丝、棉花、锌粒、稀硫酸、氯酸钾、二氧化锰、酒精。

【实验步骤】

（1）把仪器安装好。

（2）加热试管，当产生大量氧气时，打开启普发生器的活塞（因硫酸与锌粒反应快），让氢气与氧气会合，这时水槽水面上即有许多气泡产生，用一端缠有棉花球的铁丝，蘸着酒精并点燃，然后用它点燃水面上的气体，就会发生连珠炮式的爆炸。

【实验分析】

此实验可以使人清楚地看到，水泡内是氢气和氧气的混和气体，可发生连珠炮式的爆炸。

所用氯酸钾的量应多一些。这样产生的氧气量比较充足，使实验成功率高。氢气和氧气混和器的出气口与水面距离不得少于 4 厘米，否则不安全。

此实验也可以把氢气和氧气的混和气预先制好放入储气袋中，然后进行实验。但不要用氯气瓶，否则不安全。

知识点

> #### 稀 硫 酸
>
> 　　稀硫酸是硫酸的水溶液，在水分子的作用下，硫酸分子电离形成自由移动的氢离子和硫酸根离子。常温下稀硫酸无色无味，透明，密度比水大。由于稀硫酸中的硫酸分子已经全部电离，所以稀硫酸不具有浓硫酸和纯硫酸的氧化性、脱水性等特殊化学性质。

延伸阅读

脾气暴躁的氯酸钾

　　氯酸钾为无色片状结晶或白色颗粒粉末，味咸而凉，是强氧化剂。氯酸钾常温下稳定，在400℃以上则分解并放出氧气。氯酸钾与还原剂、有机物、易燃物如硫、磷或金属粉末等混合可形成爆炸性混合物，急剧加热时可发生爆炸。因此氯酸钾是一种敏感度很高的炸响剂，有时候甚至会在日光照射下自爆。

在二氧化碳中燃烧

　　通常我们都有这样的经验：可燃性物质在不与氧气或空气接触的情况下，是不能燃烧的。点着的酒精灯，罩上盖子就熄灭了；长久不通灰的煤炉，火就烧得不旺，甚至会闷熄。但是，我们不能因此就认为：没有氧气存在就不会有燃烧现象。

　　就以二氧化碳气体来说，大家都知道它是一个灭火的"能手"。但有些物质却偏偏能在二氧化碳中燃烧。

　　先制取1瓶二氧化碳气体，在盛有十几粒大理石（它的主要成分是碳酸钙）的细口瓶中，加入一些浓度为10%左右的稀盐酸（足够浸没大理石即可），瓶里即有二氧化碳气泡产生。

　　随即用1个装有导管的塞子塞紧。生成的二氧化碳经导管收集在集气

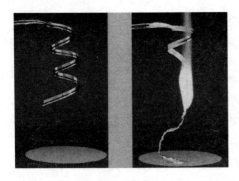

镁条燃烧

瓶中。气体是否集满可以用一根点燃的木条放在瓶口试验，如果火焰熄灭了，说明二氧化碳已经集满。这时，用镊子夹住一根镁条，在酒精灯上点燃后，迅速插入集有二氧化碳的瓶中。那时，你不但可以看到镁条在二氧化碳中仍能继续燃烧，而且还发出耀眼的白光，并伴有黑色的烟从集气瓶口逸出。反应完毕后，在集气瓶壁上可见到布满大量的白色粉末，瓶底则聚集有黑色的炭粒。

为什么在没有氧气而只有二氧化碳气体的情况下也会发生燃烧现象呢？原来，燃烧并不局限于物质和氧的剧烈作用，而是一种比较普遍的化学反应现象。凡是急剧进行的并且放出光和热的反应，都可以认为是燃烧。当镁条点燃后放在二氧化碳气体中，它可以和二氧化碳中的氧发生猛烈的反应，放出大量的热，生成了白色的氧化镁附在瓶壁上，同时还分解出碳来（一部分形成浓厚的黑烟，一部分聚集在瓶底）。反应产生的热和光形成了镁在二氧化碳气体中的燃烧现象。

燃烧也不限于在二氧化碳里发生，有些物质也可以在氯气、硫磺蒸气里燃烧。例如，工业上就是让氢气流在氯气中燃烧，先制得氯化氢气体，然后用水吸收，而制得盐酸。某些金属如灼热的铜、铁等粉末，在硫磺蒸气里也能起剧烈的化学变化，放出光和热来，发生燃烧现象。

既然有在二氧化碳中燃烧的现象，那么，我们也可以研究一下二氧化碳使火焰熄灭的极限是什么。现介绍一个关于二氧化碳使火焰熄灭的极限研究的实验。

【实验用品】

集气瓶、平底烧瓶、导管、橡皮管、单孔橡皮塞、铁架台（带铁架）、玻璃片、酒精灯、木条、水槽、碳酸钙、盐酸（1∶2）。

【实验步骤】

（1）按用排水法收集二氧化碳的装置安装好实验用品，把收集好的二氧化碳和空气的混和气体移入集气瓶中。

（2）用燃着的火柴（或木条）放在集气瓶口试验，火焰燃烧和熄灭的情况，记录于表。

【实验分析】

实验证明，二氧化碳在空气中的体积百分比含量高于20%时，燃着的火焰就会熄灭。这个数值可以约略视为是 CO_2 使木柴火焰熄灭的极限。可见，装满了 CO_2 的集气瓶，用燃着的火柴放在集气瓶口，火焰固然要熄灭，而没有装满 CO_2 的容器，只要 CO_2 在空气中的体积百分比含量大于这个极限值，同样可以使燃着的火柴熄灭。因此，不可以仅用燃着的火柴熄灭与否来证明一个容器里是否充满了二氧化碳（通常称为 CO_2 的检满或检纯实验）。

因 CO_2 溶于水，但不溶于酸，所以在用排水法收集 CO_2 气体时，可在水槽里加几滴盐酸或硫酸，以降低 CO_2 在水中的溶解度。

知识点

镁　条

镁条是用纯度很高的金属镁打制而成的。镁条颜色为银白色，硬度较大，无磁性，具有延展性。具有较强还原性，在空气中燃烧时能产生耀眼的白光。

延伸阅读

天然的雕饰材料——大理石

大理石原指产于云南省大理的白色带有黑色花纹的石灰岩，古代常选取具有成型的花纹的大理石用来制作画屏或镶嵌画，后来大理石这个名称逐渐发展成称呼一切有各种颜色花纹的，用来做建筑装饰材料的石灰岩。大理石主要用于加工成各种型材、板材，做建筑物的墙面、地面、台、柱，还常用于纪念性建筑物如碑、塔、雕像等的材料。大理石还可以雕刻成工艺美术品、文具、灯具、器皿等实用艺术品。

魔幻实验

>>>>>

化学实验中有些实验非常令人匪夷所思，魔幻般神奇：水可以转瞬间变成"牛奶"，"牛奶"转瞬间又变回清水；"雪球"不但可以燃烧，而且还可以发出淡蓝色的火焰；一个茶壶中可以倒出一杯清水、一杯"香槟酒"、一杯"玫瑰酒"、一杯"牛奶"、一杯"鲜橘汁"、一杯"墨水"以及一杯"酸梅汤"，不愧为"神仙"茶壶。

水变牛奶

也许不少人都会做"水变牛奶"的小魔术，例如把无色透明的氯化钡和硫酸溶液相混合，就能生成外表像牛奶一样的硫酸钡悬浊液。下面介绍一个更有趣的"水变牛奶"实验。

在玻璃杯里放入氯化铝晶体约 2 克，再加入 20 毫升水，搅拌使它溶解，结果便得到了无色透明的"水"——氯化铝溶液。然后往氯化铝溶液里慢慢加入浓度为 20% 左右的氢氧化钠溶液，杯里的"水"渐渐变得混浊，犹如乳白色的牛奶，并出现了白色的沉淀。如果继续往这杯乳状液里加氢氧化钠溶液，不但白色的沉淀逐渐消失，而且混浊的"牛奶"又变成澄清的"水"了。

这个实验如果改用氯化锌代替氯化铝来进行，效果完全一样。

原来铝（或锌）的氯化物的水溶液遇到氢氧化钠溶液时，发生了复分解反应，结果生成了氢氧化铝（或氢氧化锌），它们都是白色的沉淀，所以当两杯清液相混时，看上去就像变成"牛奶"了。

氢氧化铝

但所生成的氢氧化铝（或氢氧化锌）却是两性的化合物，当它们继续与加入的氢氧化钠溶液相遇时，便生成偏铝酸钠（或锌酸钠）。因为偏铝酸钠（或锌酸钠）都是无色透明的溶液，所以原来的白色沉淀消失了，"牛奶"又重新变为"水"。

类似的还有清水变色实验。

【实验用品】

6只250毫升烧杯、氨水、浓盐酸、硫氰化钾、百里酚蓝试液、三氯化铁溶液、亚铁氰化钾、氢氧化钾浓溶液。

【实验步骤】

（1）将6只烧杯分别编为1~6号。

（2）在1号烧杯中注入半杯清水并滴入少量氨水和硫氰化钾溶液；2号烧杯底滴入几滴百里酚蓝试液；3号烧杯加入少量浓盐酸；4号烧杯中加入少量三氯化铁溶液；5号烧杯中加入少量亚铁氰化钾溶液；6号烧杯中加入1/3杯氢氧化钾浓溶液。

（3）将1号杯中的"清水"倒入2号杯，立即变成蓝色；将此蓝色溶液倒入3号杯，变成橙红色；将此橙红色溶液倒入4号杯，变成血红色；将血红色溶液倒入5号杯，又变成深蓝色；最后将此深蓝色溶液倒入6号杯，蓝色即褪去，仍变成一杯带淡紫色的"清水"。

【实验分析】

1号杯→2号杯，百里酚蓝在碱性溶液中呈蓝色；

2号杯→3号杯，过量盐酸使溶液变成酸性，百里酚蓝呈橙红色。

3号杯→4号杯，三氯化铁与硫氰化钾反应，生成血红色的硫氰酸根含铁络合物；

4 号杯→5 号杯，铁离子与亚铁氰化钾反应，生成普鲁士蓝；

5 号杯→6 号杯，普鲁士蓝与浓氢氧化钾反应，析出氢氧化铁沉淀，蓝色褪去。因溶液中有百里酚蓝指示剂，所以，最后溶液带有淡紫色。

悬浊液

悬浊液是指大于 100 纳米的固体小颗粒悬浮于液体里形成的混合物。悬浊液不透明、不均一、不稳定，不能透过滤纸，静置后会出现分层。悬浊液在农业、医学、工业以及科学研究等方面均有广泛应用。

氢氧化铝提纯制得氧化铝

物质的两性，是指它具有酸、碱两重的性质：在和酸类作用时，它表现出碱性，能和酸作用生成盐；而它和碱类作用时，却又表现出酸性，也能作用生成盐。

氢氧化铝的两性，已经被利用在炼铝工业上，成为提纯氧化铝的重要手段。因为在炼铝的天然原料——矾土里，除了含有氧化铝之外，往往还含有不少的二氧化硅和氧化铁等杂质，所以必须设法把杂质去除。在提纯氧化铝时，将矾土和浓氢氧化钠溶液在加压的情况下加热数小时，这时矾土中的氧化铁是不溶解的，二氧化硅则变为不溶性的硅铝酸钠，而氧化铝却变成可溶性的偏铝酸钠。再将它过滤，便可得纯净的偏铝酸钠溶液。然后，用水稀释偏铝酸钠溶液，并加入少量氢氧化铝晶种（形成结晶核心），不断进行搅拌，偏铝酸钠便与水反应，生成氢氧化铝沉淀。沉淀经过滤、分离，并放在转窑内煅烧，就得到了无水的、纯净的氧化铝。最后把纯净的氧化铝溶在人造冰晶石熔融液里进行电解，就可以获得纯净的金属铝。

空瓶生烟

取两只无色的广口玻璃瓶，洗涤干净，并且使它干燥，待用。实验开始后，在其中一只广口瓶里，加入几滴浓氨水，在另一只广口瓶里加入几滴浓盐酸（氯化氢的水溶液），用塞子分别把这两只瓶子塞好以后，用力摇荡，尽量使氨水和盐酸均匀地沾润瓶壁。这时候，两只瓶里看上去"空空如也"，没有什么现象出现。

现在，拔掉两个玻璃瓶上的塞子，把沾有盐酸的瓶子放在上方，沾有氨水的瓶子在下方，把它们口对口地上下叠置起来，过了一会儿，在两只瓶口之间就发生了浓浓的白烟，并且继续蔓延到两只瓶内，甚至在瓶壁上出现了白色的粉末。烟雾弥漫的现象，颇为奇异。

原来，在被称为空瓶的两只玻璃瓶壁上，实际上各自已沾有浓氨水和浓盐酸了。因为氨水和纯盐酸都是无色的，装在瓶内的数量也少得很，而且是比较均匀地沾在瓶壁上，所以两个瓶子都不带什么颜色。但是，氨水和盐酸能分别放出无色的氨和氯化氢气体，当两玻璃瓶上下对叠时，较重的氯化氢气体便向下扩散，而较轻的氨气向上扩散，它们相遇时发生作用，就生成非常细小的、白色的氯化铵固体，所以呈现出浓浓的烟雾来。

氯化铵加热时也很容易分解成氨和氯化氢气体，冷却时氨和氯化氢又重新结合成白色的氯化铵粉末。如果把氯化铵和火药放在一起，火药燃烧时，它就产生非常浓的烟雾，所以曾经用它来制造烟幕。

知识点

氨 水

氨水又称氢氧化铵、阿摩尼亚水，是氨气的水溶液，无色透明且具有刺激性气味。氨水易挥发出氨气，并随温度升高和放置时间延长而增加挥发率，且随浓度的增大挥发量也逐渐增加。氨水有一定的腐蚀作用，碳化氨水的腐蚀性更大，尤其对铜的腐蚀比较强，对木材也有一定腐蚀作用。

氯化铵的工农业应用

工业氯化铵主要用于电池、电镀、染织、铸造、医药、植绒、精密铸造等方面。氯化铵在农业上可做氮肥施用，但施用氯化铵造成的土壤酸化较硫酸铵严重，因此可做基肥、追肥，不能用做种肥。此外，对于忌氯作物（如烟草、甘蔗、马铃薯等）也不可大量施用。

生成氨的实验

实验一

【实验用品】

试管、硬质玻璃管（φ20 毫米 × 200 毫米）、带导管的橡皮塞、酒精灯、红色石蕊试纸、碳酸氢铵、新配制的饱和石灰水、铝箔。

【实验步骤】

（1）取一支干燥而洁净的硬质玻璃管，把 3 克碳酸氢铵平铺在铝箔（包香烟用的）上，然后一同放入玻璃管中。

（2）用铁夹夹住玻璃管上部（约 1/3 处），固定在铁架台上。塞上带有导管的单孔塞，导管的一端伸入盛有澄清石灰水的试管里。

（3）点燃酒精灯，先均匀加热玻璃管，然后对准碳酸氢铵加热。片刻，用手在上端玻璃导气管口处扇动，可以闻到氨的气味。同时，可观察到湿润红色石蕊试纸变蓝，硬质玻璃管内有水滴凝聚。继续加热，澄清石灰水逐渐变浑浊。

【实验分析】

（1）碳酸氢铵受热分解产生氨气、水和二氧化碳。

$$NH_4HCO_3 \stackrel{\triangle}{=\!=\!=} NH_3\uparrow + H_2O + CO_2\uparrow$$

实验中要注意：

（1）连接实验装置时，应注意让硬质玻璃管倾斜约25°。

（2）下端二氧化碳出口的导气管可以不伸入澄清石灰水中，比空气密度大的二氧化碳会流入石灰水中，使澄清石灰水变浑浊，如果把导气管插入石灰水中，当发现下端没有二氧化碳气体排出时，可以用食指堵住上端氨气出口处，二氧化碳就会很快通入试管中。上端氨气出口的玻璃管朝上弯曲时，实验效果较好。

（3）把碳酸氢铵平铺在铝箔上，再移入试管，这样当加热时，可避免试管因温度过高而破裂。

（4）碳酸氢铵受热分解时，生成的氨气比空气的密度小，大部分向上排出，使湿润的红色石蕊试纸变蓝。二氧化碳比空气的密度大，大部分向下排出，使石灰水变浑浊。

$$Ca（OH）_2 + CO_2 == CaCO_3\downarrow + H_2O$$

实验二

【实验用品】

试管、橡皮塞、T形管、酒精灯、铁架台、碳酸氢铵、无水硫酸铜、红色石蕊试纸、蓝色石蕊试纸。

【实验步骤】

将一试管与"T"形管连接，在试管中加入适量的碳酸氢铵，在T形管的A处放一小粒无水硫酸铜，在其B端放一片湿润的红色试纸，在其C端放一片湿润的蓝色试纸。然后用酒精灯加热碳酸氢铵片刻后，即可观察到A处的无水硫酸铜变为蓝色，表明有水生成；T形管B端的红色试纸变为蓝色，说明有氨生成；T形管C端的蓝色试纸变为红色，说明有二氧化碳生成。整个实验可在2~3分钟内完成，效果极为明显。

 知识点

石蕊试纸

石蕊试纸是用来测量溶液的酸碱度的指示用具，是将纸张浸于含石

蕊试剂的溶液中制成。石蕊试纸有红色石蕊试纸和蓝色石蕊试纸两种。碱性溶液使红色试纸变蓝，酸性溶液使蓝色试纸变红。检测酸性液时用蓝色石蕊试纸，检测碱性液时则用红色石蕊试纸。

延伸阅读

氨中毒的表现

氨的刺激性是可靠的有害浓度的报警信号。但由于嗅觉疲劳，长期接触后对低浓度的氨会难以察觉。吸入氨气后的中毒表现主要有以下几个方面。轻度吸入氨中毒表现有鼻炎、咽炎、喉痛、发音嘶哑。氨进入气管、支气管会引起咳嗽、咳痰、痰内有血。严重时可咯血及肺水肿，呼吸困难、咳白色或血性泡沫痰。急性氨中毒主要表现为呼吸道黏膜刺激和灼伤。其症状根据氨的浓度、吸入时间以及个人感受性等而轻重不同。

▌▌▌纸杯跳高

氢气不但密度小，可以用来充气球，并且在适当的条件下，它还具有爆炸的可能。

取一只口径比较大的瓶子，放入十几颗锌粒（铺满瓶底即可）。然后配上一个钻有两个孔的橡皮塞或软木塞。在瓶塞的一个孔内插入玻璃漏斗，另一个孔内插入弯玻璃管。弯玻璃管用橡皮管和另一玻璃管连接。这样，一个简易的氢气发生器便装好了。

再做收集氢气的准备工作。

把一只蜡纸杯（或纸杯）装满水，倒覆在盛满清水的盆子里，待用。

制取氢气时，只须将稀硫酸（浓度为20%左右）从玻璃漏斗注入瓶中，不用打开木塞（加入稀硫酸的量，以足够浸没锌粒为妥）。为了收集纯净的氢气，在收集气体以前，必须尽量赶跑瓶中原有的空气。因此，应该等到锌粒和稀硫酸发生反应约半分钟以后，检验一下氢气的纯度。检验时取一小试管，装满了水，用拇指堵住管口，倒置在水槽中。把玻璃管插入试管内，排水收集氢气。氢气集满后，仍用拇指堵住管口，然后对着灯焰放开。如果氢气不纯就会发生尖锐的爆鸣声，重复试验直到鸣声微弱为止。这时，把玻璃管伸入纸杯内。等纸杯中的氢气收满以后，立刻用玻璃片封住杯口，最后从水中拿出，让它倒放在桌子上。

把氢气发生器移开以后，就可以开始进行纸杯跳高的实验了。

开始时，先抽去纸杯底下的玻璃片，并用木块或火柴梗把纸杯口的一边垫高些，让它稍稍歪斜。然后在纸杯底上戳一个小洞。接着，用一根点燃的引火木条在洞口附近点火。因为氢气比空气轻，它会通过小洞逸出，点火后，就发生火焰。同时可以听见慢慢加强的鸣叫声。最后，纸杯也随着跳了起来。有时纸杯仅仅是跳动，有时却会飞到两三米高。

为什么氢气开始时能安静地燃烧，只有十分微弱的鸣声，而到后来又会发生响亮的爆鸣呢？为什么纸杯会发生跳跃呢？

原来氢气在不同的条件下，燃烧情况是不同的。开始的时候，纸杯里充满的是纯净的氢气。氢气遇火时，仅仅是它和空气接触的那部分发生了燃烧，并且燃烧是缓慢地在杯外进行。随着氢气的燃烧，杯内氢气不断消耗，空气就不断从杯口补充到杯内，并与氢气混和。当杯内氢气和空气的量达到一定比例时，洞口的火焰便能使杯内的混合气体发生燃烧。由于燃烧过程极为迅速，燃烧产生的热量又使气体迅速膨胀，从而发生了爆炸现象。

爆炸的剧烈与否，取决于燃烧速率，而燃烧速率又取决于氧气与氢气混合的均匀程度。

氢气和氧气的混合气体点燃时有爆炸的可能，所以在做这个实验时，如果没有经验，最好在专业人员的指导下进行。但是爆炸也不是随意发生的，而是当氢气和氧气达到一定比例时点火才会发生。制造氢气和氧气的电解水工厂，为了防止阴极产生的氢气和阳极产生的氧气相混和，中间要用隔膜把它们分开，并控制好两极室的压强。进行氢气燃烧实验时，必须事先检查所收集的气体的纯度。纯净氢气是能够安静地燃烧而不发生爆炸的。

知识点

蜡　纸

蜡纸是指表面涂蜡的加工纸。蜡纸有极高的防潮抗水性能和防油脂渗透性能。蜡纸主要用于各种不同的食品包装，如糖果纸、面包纸、饼干纸盒和包装肉类制品等。

延伸阅读

氢气是最轻的气体

氢气是世界上已知的最轻的气体。它的密度非常小，只有空气的1/14，即在标准大气压、0℃下，氢气的密度为0.0899克/升。所以氢气可作为飞艇的填充气体，但由于氢气具有可燃性，安全性不高，现代飞艇现多用氦气填充。灌好的氢气球，往往过一夜，第二天就飞不起来了。这是因为氢气能钻过橡胶上人眼看不见的小细孔，逸散到空气中。不仅如此，在高温、高压下，氢气甚至可以穿过很厚的钢板。

魔棒点灯

《哈利·波特》系列电影中，魔法学院里，几乎每个人都有一支无所不能的魔棒。当然，这是虚构故事。然而现实生活中，我们通过下面这个实验，就可以拥有一支能点燃灯光的"魔棒"。

【实验用品】

酒精灯、玻璃棒、表面皿、高锰酸钾、浓硫酸。

【实验步骤】

桌上先放好四五只酒精灯，并准备好一根玻璃棒。在一只表面皿里，放入一堆如扁豆大小的固体高锰酸钾（注意！不要太多），再在上面滴入2～3滴浓硫酸。然后用玻璃棒的一端蘸些上述混和物，只要挨次向酒精灯灯芯一碰，灯便一只只点亮了。

魔棒点灯

【实验分析】

高锰酸钾和浓硫酸的混和物为什么能使酒精灯点燃呢？道理也很简单，

因为高锰酸钾是一种强氧化剂，它和浓硫酸作用时，产生了原子氧，并放出热量。原子氧是一种比高锰酸钾更强的氧化剂，再加上反应时放出的热量，足以使酒精剧烈氧化而燃烧，因而灯就被点亮了。

知识点

混 合 物

混合物是由两种或多种物质混合而成的物质。混合物没有化学式，无固定组成和性质，组成混合物的各种成分之间没有发生化学反应，它们保持着原来的性质。混合物可以用物理方法将所含物质加以分离，常用的方法包括过滤、蒸馏、分馏、萃取、重结晶等。

延伸阅读

高锰酸钾用做消毒剂的原因

高锰酸钾作为氧化剂来使用是很普遍的，常用做消毒剂和杀菌剂等。如，医药上用于医疗器械和外伤的消毒，日常生活上用于果品和公共场所茶杯的消毒等。它之所以能起消毒作用，也由于它是强氧化剂，能将某些细菌、病毒等杀死的缘故。

液中火星

【实验用品】

大试管、铁架台、铁夹、药匙，高锰酸钾、酒精、浓硫酸。

【实验步骤】

（1）在一只大试管中，加入 15 毫升酒精，再沿着试管壁慢慢加入 15 毫升浓硫酸，不要振荡试管。将试管垂直固定在铁架台上。这时，试管里的液体分为两层：上层为酒精，下层为浓硫酸。

（2）用小药匙取少许高锰酸钾晶体，慢慢撒在试管中。片刻，在两液的交界处就会看到闪闪的火花。过一会儿，再撒几颗高锰酸钾晶体，又可看到点点星火。如果在黑暗的地方进行，火花显得十分明亮。

【实验分析】

浓硫酸与高锰酸钾接触，会产生氧化性极强的七氧化二锰，同时放出热量。七氧化二锰分解产生氧气，使液中酒精燃烧。但由于氧气的量较少，只能发出闪闪的火星，而不能使酒精连续燃烧。

在实验中要注意：

（1）浓硫酸一定要在98%以上，酒精最好用无水酒精。当液体有明显的分层时，效果较好。

（2）高锰酸钾投入量不可过多，否则，反应太快，试管里的液体会冲出来。

七氧化二锰

七氧化二锰是高锰酸的酸性氧化物，绿色油状液体，极易溶于水，易溶于四氯化碳，有强氧化性。遇有机物即燃烧，受热爆炸分解，常温下缓慢放出氧气，分解时也会产生少量臭氧。

高锰酸钾解毒

在野外误服植物中毒时，要尽快洗胃，减少毒性物质吸收，简单的方法就是用1∶1 000～1∶4 000浓度的高锰酸钾溶液洗胃。检验高锰酸钾此浓度的简易方法是直视溶液呈淡紫色或浅红色即可。如果溶液呈紫色、深紫色时，其浓度已达1∶100～1∶200，这种极高浓度的高锰酸钾液可引起胃黏膜的溃烂，这种浓度的高锰酸钾绝对不能用来洗胃。

火中雪球

【实验用品】

100 毫升烧杯 1 只、200 毫升烧杯 1 只，玻璃棒、石棉网、醋酸钙、酒精。

【实验步骤】

(1) 称 10 克醋酸钙固体 $[Ca(CH_3COO)_2]$，放入 100 毫升燃杯中，加入 20 毫升水制得饱和溶液。将它慢慢地加入盛有 100 毫升 95% 酒精的烧杯中并搅拌，杯中的液体逐渐从浑浊变得稠厚，最后凝成一整块。用玻璃棒沿杯壁翻一周，将凝块倒在手中，挤去过剩的液体，捏成"雪球"。

(2) 将"雪球"放在石棉网上，点燃。"雪球"立即着火并发出淡蓝色火焰，燃烧后则剩下一堆白色固体。

【实验分析】

醋酸钙能溶于水而不溶于酒精。当醋酸钙溶液与酒精混和后，醋酸钙在酒精中析出，成为凝胶。凝胶的间隙中充满了酒精，所以"雪球"可以燃烧，当酒精烧完后剩下白色的醋酸钙固体。

在实验中要注意，饱和醋酸钙溶液的体积与 95% 酒精的体积比约为 1:5。

知识点

饱和溶液

在一定温度下，向一定量溶剂里加入某种溶质，当溶质不能继续溶解时，所得的溶液叫做这种溶质的饱和溶液。要注意的是饱和溶液不一定是浓溶液。

延伸阅读

石棉网的利与弊

石棉网是用于加热液体时架在酒精灯上的三脚架上的铁丝网，它是由两片铁丝网夹着一张石棉水浸泡后晾干的棉布做的。火焰长时间集中在容器的某个地点，最终会使容器爆裂。使用石棉网，火焰的热量会分散到容器的每个角落，长时间烧容器也不会爆裂。但由于石棉纤维能引起石棉肺、胸膜间皮瘤等疾病，现在许多国家选择了全面禁止使用石棉网这种危险性物质。

空瓶爆炸

【实验用品】

500毫升细口塑料瓶、尖嘴玻璃管、橡皮塞、胶头、水槽、启普发生器、导管、锌粒、稀硫酸。

【实验步骤】

（1）将一只500毫升细口塑料瓶截去底部半截，并在瓶身下部边缘处开两个处于对称位置的半圆形小孔，孔的直径约1厘米。瓶口塞上有尖嘴小玻璃管的单孔塞，尖嘴管口用胶头套住。然后用启普发生器制氢气，用排水集气法收集一塑料瓶氢气。

（2）将盛有氢气的塑料瓶瓶口向上，用燃着的细长木条靠近尖嘴管口。拔去胶头，管口便有淡蓝色的火焰产生。几秒钟后，塑料瓶会向上跳起并发出很大的爆炸声。

【实验分析】

这是爆鸣气的实验。当拔掉胶头时瓶内纯净的氢气经尖嘴管口向上逸出，遇火即燃烧且火焰平稳。随着氢气的减少，空气从瓶身下部的孔中不断流入，氢气与空气迅速混和。当达到一定比例时便形成爆鸣气，爆炸随即发生并使塑料瓶飞起。

$$2H_2 + O_2 \xrightarrow{\text{点燃}} 2H_2O$$

氢氧混和气体爆炸范围较宽，氢气在混和气体中占总体积4% ~ 74.2%，点火都会发生爆炸。

实验中要注意：

点火时不能靠得太近，可能因为瓶内已混有空气，点火时立即发生爆炸。

如点火时既无火焰又无爆炸现象，那就是瓶内氢气已逸散的缘故，可重新收集氢气后再进行点燃。

爆炸声很响，瓶子飞得很高。事先要有思想准备。

知识点

爆 鸣

爆鸣的意思是指气体遇到火焰爆炸，发出声响。可燃性物质的尘灰在空气中达到一定的比例，遇到明火就会发生爆鸣，甚至爆炸。汽油、酒精、甲醇、乙醚等易燃液体挥发性较强，挥发到空气中达到一定浓度即形成爆鸣气体，一旦引入火种就会突然起爆，造成极大的危害。

延伸阅读

氢氧燃料电池

氢氧燃料电池是很有发展前途的新的动力电源，一般以氢气、碳、甲醇、硼氢化物、煤气或天然气为燃料，作为负极，用空气中的氧作为正极。和一般电池的主要区别在于一般电池的活性物质是预先放入的，因而电池容量取决于贮存的活性物质的量，而燃料电池的活性物质（燃料和氧化剂）是在反应的同时源源不断地输入的，因此，氢氧燃料电池实际上只是一个能量转换装置。氢氧燃料电池具有转换效率高、容量大、功率范围广、不用充电等优点，缺点是成本高，因此，氢氧燃料电池目前仅限于一些特殊用途，如飞船、潜艇、军事、电视中转站等方面。

水中鞭炮

【实验用品】

100 毫升烧杯、研钵、坩埚；浓盐酸、二氧化硅粉末、镁粉、镁条。

【实验步骤】

在 100 毫升的烧杯中，注入 20 毫升水和 20 毫升浓盐酸，配成浓度约 18% 的稀盐酸备用。

称取 5 克粉状二氧化硅（煅烧过的细石英砂）于研钵中，再称 8 克镁粉也投入研钵，将它们研细混匀，倒入坩埚内。插一根约 8 厘米长的镁条在混和物上，将镁条周围的粉状混和物压紧。点燃镁条，镁条的燃烧引起混和物剧烈燃烧，可使坩埚灼烧得发红。待坩埚冷却后，用药匙把燃烧后的产物轻轻地撒入配制好的稀盐酸中，立即听到噼噼啪啪的连续爆炸声，并伴有点点闪闪的火花，烧杯的上方还会出现一缕缕的白烟，犹如鞭炮在水中燃放。

二氧化硅粉末

【实验分析】

点燃镁条时，使过量的镁粉与二氧化硅发生剧烈的反应：

$$4Mg + SiO_2 \xrightarrow{\text{高温}} 2MgO + Mg_2Si$$

反应生成的硅化镁与盐酸作用生成硅烷。

$$Mg_2Si + 4HCl = 2MgCl_2 + SiH_4 \uparrow$$

硅烷难溶于水，它逸出液面遇到空气能发生爆炸性自燃生成二氧化硅和水：

$$SiH_4 + 2O_2 = SiO_2 + 2H_2O$$

所以液面上发出噼噼啪啪鞭炮声，并有较强的闪光。燃烧后产生的二氧化硅微粒悬浮在空气中时，就形成了一缕缕的白烟。

石 英 砂

石英砂是一种非金属矿物质，是一种坚硬、耐磨、化学性能稳定的硅酸盐矿物，其主要矿物成分是二氧化硅，石英砂的颜色为乳白色或无色半透明状。石英砂广泛应用于玻璃、铸造、陶瓷及耐火材料、冶炼硅铁、冶金熔剂、冶金、建筑、化工、塑料、橡胶等工业领域。

自燃是如何发生的

自燃是指可燃物在空气中没有外来火源的作用，靠自热或外热而发生燃烧的现象。根据热源的不同，物质自燃分为自热自燃和受热自燃两种。在通常条件下，一般可燃物质和空气接触都会发生缓慢的氧化过程，但速度很慢，放出的热量也很少，同时不断向四周环境散热，不能像燃烧那样发出光。如果温度升高或其他条件改变，氧化过程就会加快，放出的热量增多，不能全部散发掉就积累起来，使温度逐步升高。当到达这种物质自行燃烧的温度时，就会自行燃烧起来。

火 "绘画"

【实验用品】

白纸两张、毛笔、铅笔、烧杯、玻璃棒、卫生香、硝酸钾、氯酸钾、醋酸。

【实验步骤】

（1）烧杯中倒入约20毫升的开水，加入硝酸钾，用玻璃棒搅拌，配制硝酸钾饱和溶液。在另一烧杯中将氯酸钾溶于1∶1的醋酸溶液制成饱和溶液。

（2）用毛笔蘸硝酸钾饱和溶液在白纸上写字，字要大，笔画要简单些，而且笔迹要连接在一起，在起笔处用铅笔做上记号，然后晾干。

（3）在另一张白纸上用氯酸钾饱和溶液画幅简单的图形。图形应该是用连续不断的线条画出来的，如一个☆。在图形的轮廓线上任意决定一点，用铅笔做上记号，把纸晾干。

（4）点燃一支卫生香，用香火分别在每个字及图形记号处轻轻地接触，纸上立即有火花缓慢地沿着笔顺及图形的轮廓线蔓延，就像火在写字和绘画，纸上就显示出空心字及整个图形。

【实验分析】

硝酸钾和氯酸钾受热时都会分解出氧气，使涂有硝酸钾或氯酸钾的纸很快烧焦，因而燃烧顺着有硝钾酸和氯酸钾痕迹的地方进行。但由于燃烧缓慢和氯酸钾产生的热量基本上都散失了，所以没涂硝酸钾或氯酸钾的纸不会烧着。

$$2KNO_3 \stackrel{\triangle}{=\!=\!=} 2KNO_2 + O_2 \uparrow$$

$$2KClO_3 \stackrel{\triangle}{=\!=\!=} 2KCl + 3O_2 \uparrow$$

知识点

醋　酸

醋酸又称乙酸，广泛存在于自然界，是一种有机化合物，是典型的脂肪酸。醋酸被认为是食醋内酸味及刺激性气味的来源。在日常生活中，醋酸稀溶液常被用做除垢剂。在食品工业方面，醋酸是规定的一种酸度调节剂。

延伸阅读

氯酸钾泄漏的应急处理

如确定氯酸钾泄漏，要立即隔离泄漏污染区，限制出入。应急处理人员要戴自给式呼吸器，穿一般工作服。不要直接接触泄漏物，也不要让泄漏物与有机物、还原剂、易燃物接触。如是小量泄漏，可用洁净的铲子收集于干燥、洁净、有盖的容器中。如大量泄漏，要用塑料布、帆布覆盖，然后收集、回收或运至废物处理场所处置。

黑"蛇"出洞

【实验用品】

研钵、纸、胶水；蔗糖、重铬酸钾、硝酸钾。

【实验步骤】

将4克蔗糖、4克重铬酸钾和2克硝酸钾分别在研钵中研成粉末，然后把它们混和均匀，加入少量胶水调成厚糊状后装入硬纸制成的圆锥形筒内。点燃圆锥尖端，就有绿黑色物质逐渐向外伸出来，曲曲折折似"蛇"形。

【实验分析】

点燃蔗糖、重铬酸钾和硝酸钾的混和物时，硝酸钾和重铬酸钾各自分解放出氧气：

$$2KNO_3 \stackrel{\triangle}{=\!=} 2KNO_2 + O_2 \uparrow$$

$$4K_2Cr_2O_7 \stackrel{\triangle}{=\!=} 4K_2CrO_4 + 2Cr_2O_3 + 3O_2 \uparrow$$

氧气将蔗糖氧化成二氧化碳和水蒸气：

$$C_{12}H_{22}O_{11} + 12O_2 \rightarrow 12CO_2 + 11H_2O$$

二氧化碳和水蒸气不断地将铬酸钾、三氧化二铬等推向外面，在胶水的作用下而形成绿黑色的"蛇"形。

知识点

氧　化

氧化也叫氧化作用或氧化反应，狭义的氧化概念是指氧元素与其他的物质元素发生的化学反应。广义的氧化概念是指物质失电子（氧化数升高）的过程。物质与氧缓慢反应缓缓发热而不发光的氧化叫缓慢氧化，如铁在空气中会生锈就是一种缓慢氧化。

延伸阅读

重铬酸钾对身体的损害

重铬酸钾为橙红色三斜晶体或针状晶体，对人体健康有危害，吸入后可引起急性呼吸道刺激症状、鼻出血、声音嘶哑、鼻黏膜萎缩，有时出现哮喘和紫绀。重者可发生化学性肺炎。口服可刺激和腐蚀消化道，引起恶心、呕吐、腹痛、血便等，重者出现呼吸困难、紫绀、休克、肝损害及急性肾功能衰竭等。

▌▌▌神仙茶壶

【实验用品】

玻璃杯7只、茶壶1只；铁铵矾［$FeNH_4(SO_4)_2 \cdot 12H_2O$］、碳酸氢钠、百里酚蓝试液、氯化钡溶液、甲基橙试液、亚铁氰化钾、硫氰化钾溶液。

【实验步骤】

（1）在茶壶内注入清水近满。再加入5克铁铵矾，搅拌使其溶解后再滴入3毫升浓硫酸。

（2）将7只玻璃杯并列放在桌上，第一只为空杯；第二只杯内放少量碳酸氢钠；第三只杯内滴入数滴百里酚蓝试液；第四只杯内滴加数滴氯化钡溶液；第五只杯内滴入数滴甲基橙试液；第六只杯内放入少量亚铁氰化钾；第七只杯内滴入数滴硫氰化钾溶液。

（3）将茶壶中液体分别倒入各玻璃杯中，即看到第一杯为无色液体似清水，第二杯为金黄色液体并有气泡放出似香槟酒，第三杯为紫红色液体似玫瑰酒，第四杯为白色悬浊液似牛奶，第五杯为橙红色液体似鲜橘汁，第六杯为蓝黑色液体似墨水，第七杯为血红色液体似酸梅汤。

【实验分析】

第一杯铁铵矾稀溶液看不出颜色似清水；第二杯内碳酸氢钠与硫酸反应放出二氧化碳气体，又因碳酸氢钠溶液显弱碱性，与铁铵矾生成少量氢氧化铁而呈金黄色似香槟酒或汽水（碳酸氢钠过少时）；第三杯中的百里酚蓝遇硫酸呈紫红色或黄色；第四杯中的氯化钡与硫酸作用生成白色的硫酸钡沉淀；第五杯甲基橙酸性溶液呈橙红色；第六杯中的亚铁氰化钾与铁铵矾反应生成蓝色的亚铁氰化铁；第七杯中的硫氰化钾与三价铁反应生成血红色的硫氰合铁络合物。

知识点

百里酚蓝试液

试液一般指有明确配制方法的常用溶液，比如稀盐酸、稀醋酸、氢氧化钠试液等，百里酚蓝试液也是一种常用试液，它是棕绿色或红紫色结晶粉末，不溶于水，溶于乙醇呈黄色。由百里酚与邻磺基苯甲酸酐缩合而制得。百里酚蓝试液有两种变色范围：（1）酸范围为pH1.2～2.8，由红色变黄色；（2）碱范围为pH值8.0～9.6，由黄变蓝色。

延伸阅读

弱碱性水

普通的水一般pH值等于7，为中性，根据电解原理，电解制水机把水分离成氧化水和还原水，分别是酸性水（pH值小于7）和碱性水（pH大于7）。弱碱性水是指pH值呈弱碱性，即pH值在7.0～8.0之间。弱碱性水对人体健康有利，弱碱性水进入人体后有抗菌排毒功能。

化学密信

【实验用品】

白纸、毛笔、酒精灯；0.5mol/L醋酸铅溶液、硫化铵溶液、3%过氧化氢溶液、淀粉溶液、碘酒、白醋。

【实验步骤】

（1）用毛笔蘸醋酸铅溶液在白纸上写字，晾干后看不出字迹。然后在字迹上涂上硫化铵溶液，或用硫化氢气体熏，则会显出棕褐色字迹。再用3%的过氧化氢溶液喷雾，棕褐色字迹又可变为无色。

古旧的油画，如果白颜色是用铅盐〔如铅白是碱式碳酸铅2PbCO$_3$·Pb（OH）$_2$〕为原料制的，长久存放由于受空气中硫化氢的作用，则会变黑。若用过氧化氢处理，油画又可焕然一新。

（2）用淀粉溶液或米汤在吸水性好的白纸上书写"密信"，晾干后没有痕迹。用棉花蘸少量碘酒在密信上涂抹，立即显出蓝色的字迹。

（3）用白醋在白纸上写字，晾干后不留痕迹。想看密写字时，只要把纸在酒精灯上或炭火炉上烘一烘，很快就会出现棕色的字迹。

【实验分析】

（1）铅离子和硫化氢反应生成黑色硫化铅沉淀，硫化铅遇氧化剂过氧化氢则变为无色：

$$Pb^{2+} + H_2S = PbS\downarrow + 2H^+$$

$$PbS + 4H_2O_2 = PbSO_4 + 4H_2O$$

（2）利用碘的特性，碘遇淀粉显示特殊的蓝色。

（3）醋写在纸上干后，会形成一种透明薄膜样的物质。因其着火点低，在火上烘一烘，密写字就会变焦而显出棕色字迹。

知识点

铅 白

铅白即碱式碳酸铅，白色粉末，有毒，高温（400℃）分解，不溶于水和乙醇，微溶于二氧化碳的水溶液，易溶于醋酸、硝酸和烧碱溶液。与含有硫化氢的空气接触时，因生成硫化铅而由白变黑。

延伸阅读

白醋美容法

（1）每次洗脸时，放一小盆水，加入少量的白醋，倒入水中调匀，用白醋水洗脸。（2）晚上洗脸后，取1勺白醋、3勺水混合，用棉球蘸饱，在脸上有皱纹的地方轻轻涂擦，再以手指轻轻按摩，此法可帮助消除脸部细小的皱纹。（3）先洗净脸部和双手，然后浸入加入白醋的温水中洗脸和手，5分钟后换用清水洗净。（4）用白醋捣入中药白术适量调和，密封浸泡一星期。每天洗脸后，擦拭面部长斑的地方，日久可令雀斑逐渐消退。

"火浣"衣服

1 000多年前，据说后汉恒帝的一位大将军梁翼超有一件"宝衣"。有一天，他在宴会上故意用油渍弄污这件衣服，客人都替他惋惜，只见他若无其事地把衣服往火光熊熊的炭盆中一放，过了一会儿，拿起衣服来看，不但上面的油污没有了，而且衣服没有丝毫烧坏的痕迹。客人都惊叹不止。这件能够"火浣"的衣服，实际上就是用石棉做成的。

石棉不怕火，是由于它里面的主要成分是含钙、镁等的硅酸盐。它们本身既没有可燃性，也不能支持燃烧。石棉衣上的油污，早就在烈火中燃烧生成水蒸气和二氧化碳气体散失了，不留下痕迹。

用石棉可以织成防火布。那么普通的布是否也能变成耐火的呢？做一做下面的实验，你将会得出一个明确的答案。

把适量磷酸铵溶解在热水中，制成较浓的溶液（浓度约30%）。然后把一小块棉布放在溶液里浸透、晾干。然后，把这块布和另一块没有处理过的布分别进行燃烧试验。可以看到，浸过磷酸铵的布无论如何也烧不起来；那块没有处理过的布，不久就慢慢地烧起来了。

石 棉

棉布能够燃烧，是因为它的纤维是由碳、氢、氧等元素组成的。在加热时，借助于空气中的氧气发生作用，生成水和二氧化碳。所以棉布在燃烧后，除留下了少量杂质外，全部都燃烧成气体。

那么，为什么浸过磷酸铵溶液的布遇火不会烧起来呢？因为磷酸铵吸收热量后能分解出氨和磷酸，它们既不能燃烧，又阻碍布与空气接触，这样布就不会燃烧了。因此，磷酸铵的一个重要用途就是作为木材等的防火剂。

除了磷酸铵溶液可以把普通衣服变成不怕火烧的"宝衣"之外，萘也有这种"特异功能"。

【实验用品】

坩埚、镊子、酒精灯、三脚架、泥三角、棉布、8 粒卫生球。

【实验步骤】

（1）把 8 粒卫生球放入坩埚，再将坩埚放在三脚架上的泥三角上，用酒精灯加热，到卫生球全部熔化为止。等坩埚冷却后，取出卫生球晶体块备用。

（2）用一小块棉布，把卫生球晶体块紧紧地包起来（包一层即可），用镊子夹住，然后在酒精灯火焰上点燃。布很快起火，并向外发散出黑烟。

（3）火焰熄灭，仔细检查包卫生球的棉布，棉布完整无缺，也没有被烧坏的痕迹，只是布上沾有一层黑色的粉末。

【实验分析】

这个简单而有趣的实验是利用了萘的升华性质。布上的火，是萘蒸气燃烧时发出的。卫生球的成分是萘 $C_{10}H_8$，它是由碳、氢两种元素组成的易燃物质，在空气中，当达到一定温度（萘蒸气着火点527℃）就会燃烧起来。

棉布之所以没有燃烧，是因为一方面萘蒸气燃烧放出了热量；另一方面萘的升华过程要吸收热量，这又消耗了很大一部分热量。同时还有一部分热量消耗在萘蒸气升高温度达到着火点上。这样，棉布的温度就比较低，甚至低于棉布的着火点，所以棉布不会燃烧。

布上的黑色粉末是萘燃烧时由于部分未充分燃烧而生成的碳。因为此实验是用棉布包着卫生球进行的，所以燃烧不完全。

实验中要注意：

（1）棉布一定要包紧卫生球晶体块。

（2）燃烧的时间不能过长。因为烧的时间过久，卫生球消耗过多，棉布和卫生球晶体块之间就会逐渐离开，形成较大空隙，棉布将处于火焰内部，这样棉布也会燃烧起来。

此实验也可这样做：取一个卫生球，用一块手帕紧紧包住，在火上点燃。当小布包燃烧起火，并向外冒出黑烟时，立即熄灭火焰，检查手帕是否被烧坏。结论是手帕没有被烧坏。这个实验比较简单，现象也很明显。

知识点

元　素

具有相同核电荷数（即质子数）的同一类原子总称为元素。元素也称化学元素，同种元素只由一种或一种以上有共同特点的原子组成，组成同种元素的几种原子，每种原子中的每个原子的原子核内具有同样数量的质子，质子数决定元素的种类。到目前为止，人类总共发现了118种元素，世界地球上的一切物质均包含元素。

延伸阅读

海带衣服环保不怕火烧

科学家正在研究一种用海带为原料的衣服，这种海带衣服既环保也不怕火烧，海藻酸钠具有阻燃的功能，用它制成的服装自然也不怕火。在从海带变成海带纤维的过程中，海藻酸钠溶解时用于置换的金属离子不同，海带纤维的色泽、柔韧度等也各有不同。例如，溶解时如果使用钙离子，最终制成的海带纤维就是嫩黄色，使用锌离子，制成的海带纤维就呈现纯白色，使用铜、锌离子制成的海带纤维则是嫩绿色，还可以对海带纤维进行上色处理。

不翼而飞的星星

取 4 只干净的空瓶。在第一瓶里放入等量的氯化铁和亚铁氰化钾溶液；第二瓶里是氯化铁溶液；第三瓶里是碳酸钾溶液；第四瓶里是亚铁氰化钾溶液。溶液的浓度均为 10% 左右（碳酸钾应稍浓些）。

再取两张大小相同的空白纸和两张白色的吸水纸，例如滤纸。在第一张纸上，用第一瓶的溶液画上一颗五角星，星星显深蓝色。用第二瓶里的溶液在第二张纸上，同样画上一颗五角星，星星的大小、形状与第一张的相同，可是从纸上几乎看不出什么痕迹。然后用第一张吸水纸吸透第三瓶里的溶液，纸上不现什么颜色。再用第二张吸水纸吸透第四瓶里的溶液，也几乎是无色。

最后，把第一张吸水纸覆在第一张纸上，紧按几下，揭开，纸上的蓝色五角星不见了。接着把第二张吸水纸覆在第二张纸上，同样按几下再揭开，你一定可以看到在这张原来是空白的纸上，竟然出现了蓝色的五角星。那蓝色的星星，好像已经从一张纸上跑到另一张纸上去了！这是为什么？

因为氯化铁中含有三价的铁，它具有一个特性：能和亚铁氰化钾溶液作用，生成深蓝色的普鲁士蓝沉淀。而普鲁士蓝遇上碳酸钾，又会变成近于无色的亚铁氰化钾。所以氯化铁和亚铁氰化钾的混合溶液能生成普鲁士蓝，使画在第一张纸上的五角星呈深蓝色。而第一张吸水纸是吸透了碳酸钾溶液的，当把它紧覆在第一张纸上的时候，深蓝

普鲁士蓝

色的普鲁士蓝立刻和碳酸钾溶液作用，重新生成了几乎是无色的亚铁氰化钾以及碳酸铁，所以纸上的深蓝色的星星不翼而飞了。第二张纸上的星星却是用无色的氯化铁溶液画的，当它调到吸透了亚铁氰化钾溶液的第二张吸水纸以后，立即起化学反应，生成了普鲁士蓝沉淀，所以在这张纸上出现了深蓝色的星星。

普鲁士蓝沉淀是一种深蓝色颜料，水彩颜料的普蓝就是它，蓝色油漆中也含有它。这个实验只不过是普鲁士蓝沉淀的消除和生成反应。

其实，不仅星星可以"旅行"，小象亦可。

【实验用品】

50 毫升烧杯、量筒、滤纸、毛笔 2 支、0.1 摩/升盐酸、0.1 摩/升氢氧化钠溶液、酚酞溶液。

【实验步骤】

（1）向 50 毫升烧杯中加入 20 毫升 0.1 摩/升氢氧化钠溶液，再加入 1~2 毫升酚酞溶液，混和液呈红色。

（2）取两张大小相同的白色滤纸，用毛笔蘸取 0.1 摩/升氢氧化钠和酚酞的混和液。在第一张白纸上画一个红色的小象。再用另一支毛笔蘸取酚酞溶液在第二张白滤纸上画一只小象（由于酚酞无色，画上的小象看不出颜色，干燥待用）。

（3）再取两张同样大小的白滤纸，一张用 0.1 摩/升盐酸溶液浸透，一张用 0.1 摩/升氢氧化钠溶液浸透。

（4）把浸透盐酸的滤纸覆盖在第一张纸上按紧一会儿再揭开，小象不见了。把浸透氢氧化钠溶液的滤纸覆盖在第二张纸上，按紧一会儿再揭开。一个红色的小象出现了。小象好像从第一张纸上跑到第二张纸上。

【实验分析】

酚酞指示剂在溶液中的变色范围是：pH 值 = 1~8 时为无色；pH 值 = 8~10 时为浅红色；pH 值 = 10~14 时为红色。在第一张白滤纸上，是用氢氧化钠和酚酞的混和液画的小象，所以画出一只红小象。当把浸透盐酸的白滤纸覆盖在它上面时，氢氧化钠与盐酸发生中和反应：

$$NaOH + HCl \stackrel{}{=\!=\!=} NaCl + H_2O$$

生成盐和水，溶液显中性。酚酞在中性溶液中无色，所以红色的小象突然不见了。第二张滤纸上是用酚酞画的小象，酚酞溶液是无色的，所以画的小象也是无色的。当用浸透氢氧化钠溶液的滤纸盖在上面时，酚酞在碱性溶液中（pH值＞10）显红色，所以第二张白滤纸上出现了红色的小象。就像小象从第一张滤纸上跑到了第二张滤纸上。

实验中，用毛笔在白滤纸上画小象时，笔道不要太粗，画的要清晰。这样在第二张滤纸上出现的小象才不致模糊不清。

普鲁士蓝

普鲁士蓝，又名柏林蓝、贡蓝、铁蓝、亚铁氰化铁、中国蓝、滕氏蓝、密罗里蓝、华蓝。是一种古老的蓝色染料，可以用来上釉和做油画颜料。

普鲁士蓝的来历

18世纪有一个名叫狄斯巴赫的德国人，他是制造和使用涂料的工人，因此对各种有颜色的物质都感兴趣。总想用便宜的原料制造出性能良好的涂料。

有一次，狄斯巴赫将草木灰和牛血混合在一起进行焙烧，再用水浸取焙烧后的物质，过滤掉不溶解的物质以后，得到清亮的溶液，把溶液蒸浓以后，便析出一种黄色的晶体。当狄斯巴赫将这种黄色晶体放进三氯化铁的溶液中，便产生了一种颜色很鲜艳的蓝色沉淀。狄斯巴赫经过进一步的试验，这种蓝色沉淀竟然是一种性能优良的涂料。

狄斯巴赫的老板是个唯利是图的商人，他感到这是一个赚钱的好机会，于是，他对这种涂料的生产方法严格保密，并为这种颜料起了个令人捉摸不透的名称——普鲁士蓝，以便高价出售这种涂料。

直到20多年以后，一些化学家才了解普鲁士蓝是什么物质，也掌握了它的生产方法。原来，草木灰中含有碳酸钾，牛血中含有碳和氮两种元素，这两种物质发生反应，便可得到亚铁氰化钾，它便是狄斯巴赫得到的黄色晶体，由于它是从牛血中制得的，又是黄色晶体，因此更多的人称它为黄血盐。它与三氯化铁反应后，得到亚铁氰化铁，也就是普鲁士蓝。它在印染工业，广泛运用各种化学反应来进行染色和漂白。例如大家比较熟悉的一种蓝色染料——阴丹士林蓝，它是一种不溶于水的优良染料。为了使它能够均匀地染在纱（布）上，染色前先用一种叫做保险粉的还原剂把它还原成近乎无色的可溶性物质，然后让棉纱或布匹吸足这个可溶性物质的溶液，最后把纱或布晾在空气中。于是，可溶性物质被空气中的氧所氧化，就变成不溶性的阴丹士林蓝。这种蓝色很难洗掉，长久不退。

▌▌▌"无形笔"写字

　　笔墨纸砚是我国古代劳动人民的重要发明。其中毛笔的出现，又远比纸张早。从相传的毛笔发明人——秦朝蒙恬的年代算起，距离今天已经有2 000多年的历史了。至于钢笔、铅笔和圆珠笔等，都是后来才发明的。

　　在这个实验里，我们所用的是一种"气笔"。

　　取一支试管，并配好一只附有导管和尖嘴玻璃管的橡皮塞（或软木塞）。在试管里放上像蚕豆大小的硫化亚铁6~7块。另外，在一支试管里，准备5~6毫升浓度约为20%的稀硫酸。

　　再取硝酸铅、三氯化锑和硫酸镉各约半小匙（大约相当于2~3粒黄豆大小），分别放在三支试管中，各滴入1~2毫升清水，使它们溶解成为无色的溶液（注意：用水来溶解三氯化锑时，必须先加入浓盐酸才能得到无色透明的溶液）。然后，用三支洁净的毛笔分别蘸取这三种无色溶液在纸上写字。如果不是细心观察，看不出那白纸上有什么字迹。

　　如用"气笔"写字，开始时只要把稀硫酸倒在那支盛有硫化亚铁颗粒的试管中，并迅速塞上事前准备好的、附有尖嘴玻璃管的橡皮塞即可。这时只见管内反应激烈，有大量的气泡生成。这样，一支"气笔"就装置成了。把"气笔"的尖嘴玻璃管对着刚才在纸上写好而尚未干透的字喷气，白纸上就立刻出现黑、橙、黄三种不同颜色的字迹。如果把字改成图画，将会更加有趣。

　　用"气笔"写字，实际上是利用某些溶液和气体发生化学反应，能生成有色物质的原理来实现的。

　　"气笔"里的反应，是硫化亚铁与稀硫酸的复分解反应，反应结果生成了硫化氢气体。

硫化氢具有腐蛋的臭味，并有剧毒。所以这个实验必须在室外或通风处进行，制取的量也不宜过多。硫化氢有个特点：它能和许多种金属盐类的溶液发生作用，并生成各种不同颜色的金属硫化物。用"气笔"往附着在纸上的溶液喷气，无色的硝酸铅、三氯化锑和硫酸镉就会分别变成黑色的硫化铅、橙色的硫化锑和黄色的硫化镉。所以，在白纸上分别出现了三种颜色的字迹。

由于硫化氢能和多种金属盐类的溶液发生作用，生成的各种金属硫化物大多数又不溶于水，并且具有特征的颜色，所以在化学分析上，常用以鉴别某种金属离子。

除了气笔能写字之外，还有一种"神火"，一样可以以无形对有形神奇般地写字。

【实验用品】

酒精灯、玻璃棒、白纸、20%硫酸。

【实验步骤】

（1）用玻璃棒蘸20%硫酸在纸上写几个字。
（2）把纸平放在酒精灯火焰上来回移动烘烤（注意不要把纸烧着），一会儿，纸上清楚地显示所写的字迹。

【实验分析】

稀硫酸在火烘烤下，水分蒸发，变成浓硫酸。浓硫酸有脱水作用。纸的化学成分是纤维素（$C_6H_{10}O_5$）$_n$。浓硫酸把纸中的氢和氧按2:1的比例从纸中夺走，剩下碳。所以用稀硫酸写字的地方就变成黑色。

知识点

复分解反应

复分解反应是指由两种化合物互相交换成分，生成另外两种化合物的反应。复分解反应的实质是：发生反应的两种物质在水溶液中相互交换离子，结合成难电离的物质——沉淀、气体、水，使溶液中离子浓度降低，化学反应即向着离子浓度降低的方向进行。酸、碱、盐溶液间的反应一般是复分解反应。

延伸阅读

蒙恬造笔的传说

毛笔诞生于我国，其历史悠久。秦朝之前各地对毛笔的叫法不一，楚国称毛笔谓"聿"，燕国称笔谓"弗"，秦朝统一中原后实行"书同文"，毛笔才有了统一的名称。宣笔可以说是毛笔的起源。因为很久以前宣城就有"毛颖之技先天下"之说。

关于宣笔的发明，自古就有蒙恬造笔说法。唐代韩愈所著《毛颖传》记载，公元前223年，秦将蒙恬率军南征伐楚，行至中山地区（即宣城境内），具体方位有两种说法，一说中山在今宣城市宣州区和泾县一带；另一说中山在今江苏省溧水县境内。据《元和郡县志》二十八卷记载，中山在宣州溧水县东南十五里处，因唐宋时期宣州府地域广泛，溧水县属宣州管辖。

蒙恬发现中山兔肥毛长，质地最佳，于是以竹管为笔杆，兔毛（又称紫毫）为笔头制作毛笔，世人称"蒙恬笔"，此为宣笔的鼻祖。但对于蒙恬造笔之说，史学界并不认同。

"魔力"手帕

你见过不怕火的手帕吗？连火对它都无能为力，难道它真的有魔力吗？其实，只要你了解了下面这个实验，你也可以拥有这样一个"有魔力"的手帕。

在杯子里注入普通酒精（浓度为95%）2份和清水1份，充分摇匀（消毒用的酒精不用加水，直接就可用）。然后把一块手帕放在这个溶液里浸透，用镊子夹住拿出来（注意，手上不要沾有酒精，以免着火）。用火柴去点燃，可以看到火焰很旺盛，好像手帕就要烧成灰烬似的。等到火焰减小时，迅速摇晃使火焰熄灭，再仔细一看，手帕竟然丝毫没有被

烧坏。

这究竟是为什么呢？是什么样的化学反应让手帕可以拥有不怕火的"魔力"呢？我们可以猜想到这主要是由于火焰温度低的缘故。

那么，为什么这个火焰温度会比较低呢？其实，火焰的温度就是燃烧着的气体的温度。当酒精和水的混合液被点着火时，它们逐渐蒸发成酒精蒸气和水蒸气。由于产生了不可燃烧的水蒸气，使酒精蒸气的浓度相对地减小，所以燃烧就不太剧烈，所产生的热量也比较少。另外，因为有水的存在，酒精蒸气燃烧时所放出的热量，有一部分还消耗在使水气化为蒸气，以及用来烧热这些完全不可燃的水蒸气上，因此总共消耗掉的热量就更多了。这样一来，火焰的温度也就必然降低了。

由此我们可以得出一个结论：如果在一种易燃的物质中适当掺进一些很易气化而且不能燃烧的物质，就可以使火焰温度降低。

同样的道理，比如，把容易燃烧的二硫化碳（3 体积）和不能燃烧的四氯化碳（8 体积）在铁罐中混和，用火点燃后，就可以看到燃烧着的火焰（注意：二硫化碳容易着火，且它的蒸气有毒，因此实验必须在通风的地方进行）。如果放一张纸在这个火焰上，会发现这个火焰温度低到连纸张也烧不着。

火焰温度

火焰温度通常指燃料与空气比例最适宜、混合及燃烧完全部位的最高温度，或指火焰高温部位的平均温度。由于火焰各部位气体组成不同，燃烧反应进行程度不同，发热不同，散热不同，所以温度也各不相同。

火焰亮并不等于火焰温度高

通常人们总是把火焰温度和火焰光亮程度等同起来，认为火焰愈亮，温度必然愈高。其实这种看法是片面的。例如焊接上经常使用的氢氧吹管所产生的氢氧焰，虽然足以切割和焊接钢板，温度高达 2 500℃ ~ 3 000℃，然而它的火焰并不明亮。又如酒精灯火焰的最外层虽然不及中层的明亮，但温度反而较高。这是因为火焰的亮度不仅决定于火焰的温度，还和火焰中有无固体颗粒存在等因素有关。所以，火焰亮度并不一定和火焰温度成正比例关系。

制造美丽喷泉

　　喷泉原是一种自然景观，是承压水的地面露头。园林中的喷泉，一般是为了造景的需要，人工建造的具有装饰性的喷水装置。喷泉可以湿润周围空气，减少尘埃，降低气温。喷泉的细小水珠同空气分子撞击，能产生大量的负氧离子。因此，喷泉有益于改善城市面貌和增进居民身心健康。

美丽喷泉

　　我们先动手做一个普通的喷泉：

　　取两只玻璃瓶，装配妥善，注意不要让装置漏气，连接气体发生器（左瓶）的玻璃管不能装得太低，喷水管的口径最好是比较细的。

　　先在另一瓶内盛满染成红色的水（水中加几滴红墨水即可），然后向气体发生器里放入十几粒像黄豆般大小的锌粒。再注入稀硫酸（浓度约为20%），直到瓶里的锌粒完全浸没为止，塞紧木塞。不久可以看到，红色的水从尖嘴玻管喷出，很像公园里的喷泉。如果做得好，这喷泉喷水的高度可以达到 2 ~ 3 米。

　　实验时，从开始喷水起，就要用手压紧两个木塞，以防木塞冲出，使实验失败。气体发生器最好用布包起来，以免万一瓶爆裂伤人。

　　这个实验的原理很简单：当锌和稀硫酸接触时，随即发生反应，生成氢气。由于氢气极难溶解在水里，随着氢气量的不断增多，氢气对水的压力也越来越大，最后终于使水通过尖嘴玻璃管压了出来，形成喷泉。

　　下面我们来做一个比大自然的喷泉更加奇异得多的实验。

　　首先准备仪器，然后把 5 克氯化铵和 10 克消石灰（即氢氧化钙）混和均匀，放入瓶1，把瓶2装上，并在瓶口塞一团棉花。最后用酒精灯加热瓶1，几分钟后，便有无色氨气产生。

用一张润湿的红色石蕊试纸移近瓶2的瓶口，如果试纸由红色变为蓝色，就证明瓶内氨气已经收集满。接着，停止加热，把瓶2取下，装在盛有满瓶酚酞溶液（先在瓶子里盛满清水，然后加数滴0.1%酚酞酒精溶液即可）的瓶3上面，并用装在橡皮塞上的玻璃管把瓶2和瓶3连接起来，并把橡皮塞塞紧。

最后，从装在瓶3塞子上的弯玻璃导管向瓶内吹一口气，使少量的酚酞溶液通过玻璃管尖口压入瓶2中。以后虽然已经停止了吹气，但无色的酚酞溶液仍会继续自动地上升，并且愈来愈剧烈，最后终于形成了喷泉，冲击着上面的瓶底，发出"沙沙"的响声，同时，无色的溶液在喷出玻璃管尖口的一刹那，也变成了红色，十分好看。

探究一下喷泉形成的原因。

因为氨气是一种极易溶于水的气体，在通常的温度下，1升水可溶解700升左右的氨气，在0℃时甚至可以溶解将近1 200升。所以，当酚酞溶液冲出玻璃管尖口时，瓶2里的氨气立即溶解在水中。因为瓶2里的氨气减少了，气压也随着降低，所以瓶3里的酚酞溶液在大气的压力下，就通过尖口玻璃管压到压力较小的瓶2里。氨溶解得愈多，瓶2里的气压就愈小，酚酞溶液上升也就愈快，终于形成小水柱喷出。

至于喷泉为什么会变色，这是由于氨水是碱性物质，而碱性的溶液遇到无色的酚酞，就会变成红色。

除了酚酞以外，还有许多物质，它们在酸性溶液中或在碱性溶液中有不同的颜色。例如石蕊在酸性溶液中显红色，在碱性溶液中则显蓝色；甲基橙在酸性溶液中显红色，在碱性溶液中却显黄色。在化工生产中和实验时，常用这些通常称做酸碱指示剂的物质来检验溶液的酸碱性。为了使用方便，一般都用容易吸水的纸条浸透指示剂溶液，然后晾干制成为指示剂试纸。例如上述实验中用到的石蕊试纸就是这样制成的。

进一步试验证明，不同的指示剂是在不同的酸碱度下改变颜色的，如果需要比较精确地了解溶液的酸碱度，可以把几种指示剂按一定比例混和起来，然后制成试纸。那么，这种指示剂试纸在不同的酸、碱度下，就能显出不同的颜色；根据颜色的变化，便可十分简捷地了解这个溶液的酸碱度了。这就是通常使用的广泛指示剂试纸。

下面是用不同的原料做成的喷泉实验。

实验一：木炭吸附气体形成喷泉

【实验用品】

圆底烧瓶、带尖嘴细玻璃管及止水夹的胶塞、烧杯、木炭、氨气或二氧化氮气体、水。

【实验步骤】

（1）实验装置安装就绪，并检查气密性。

（2）在烧瓶中充满氨气（或二氧化氮气体），然后放入约2药匙的木炭粉（小细颗粒），立即塞紧橡皮塞。摇动烧瓶，然后将细玻璃管插入烧杯的水中。

（3）打开止水夹，即可观察到水进入烧瓶中，形成喷泉。

【实验分析】

这个实验与前面制取氨气实验原理相同。

实验中要注意：

（1）实验前应将木炭烘干，除去吸附的少量水分，以保证有较好的实验效果。

（2）细玻璃管以细直径为好，同时要尽量短一些，尖嘴的一端放在烧瓶中。

实验二：二氧化碳被降温形成喷泉

【实验用品】

平底烧瓶、尖嘴直玻璃管、单孔橡皮塞、大烧杯（500毫升）、滴管、铁架台（带铁圈）、石灰水、乙醚。

【实验步骤】

先在平底烧瓶里充满二氧化碳气体，插进配有尖嘴直玻璃管的单孔橡皮塞并塞紧，再把玻璃管和烧瓶倒插在装满澄清石灰水的烧杯中。

【实验分析】

实验中，当用滴管在烧瓶底部滴加几滴乙醚时，乙醚挥发降温，使

CO_2 体积缩小，大气压把烧杯里的石灰水沿玻璃管压入烧瓶，形成美丽的白色喷泉。

实验中要注意：

实验成功的关键是尖嘴直玻璃管不宜太长，内径宜小不宜大，否则启喷泉的速度慢。一般说来，夏天乙醚使瓶内气体降温快，起喷快，冬天要慢些。

实验三：二氧化碳与石灰水反应形成喷泉

【实验用品】

圆底烧瓶（500 毫升）、尖嘴直玻璃管、单孔橡皮塞、大烧杯（500 毫升）、脱脂棉花、石灰水。

【实验步骤】

先使烧瓶充满二氧化碳气体。在配有单孔橡皮塞的尖嘴直玻璃管靠近尖嘴的一端，用橡皮筋固定一团棉花，并用石灰水浸湿，倒插在装满石灰水的烧杯中。

【实验分析】

当把充满二氧化碳的烧瓶倒置并将单孔橡皮塞塞紧时，二氧化碳与棉团上的 $Ca(OH)_2$ 反应，降低了瓶内的气压。大气压把烧杯中的石灰水沿玻璃管压入烧瓶，形成美丽的白色喷泉。

本实验用的玻璃管不宜太细。特别是尖嘴口径太细，瓶内因反应气压降低太甚，大气压有可能把烧瓶压破。鉴于二氧化碳跟石灰水反应迅速，泉液起喷快，可以不把烧瓶固定在铁架台上。

石灰水可用氢氧化钠溶液代替，这种情况下的泉液没有颜色变化。

知识点

试　纸

试纸是用化学药品浸渍过的、可通过其颜色变化检验液体或气体中某些物质存在的一类纸。比如，pH试纸是用多种酸碱指示剂进行浸渍的，用来检验物质的酸性或碱性，此外，还有石蕊试纸、碘化钾淀粉试纸、酚酞试纸、血糖试纸、温度试纸等。

延伸阅读

酚酞的主要用途

酚酞为白色粉末，熔点258℃~262℃，溶于乙醇、乙醚，不溶于水，无臭，无味。酚酞的用途主要有：（1）制药工业医药原料：用以制造治疗习惯性顽固便秘的药剂，有片剂、栓剂等多种剂型。（2）用于有机合成：主要用于合成塑料，合成的塑料具有优良的耐热性、耐水性、耐化学腐蚀性、耐热老化性和良好的加工成型性，被广泛应用于电子电器、机械设备、交通运输、宇航、原子能工程和军事等领域。（3）用于碱指示剂，非水溶液滴定用指示剂，色层分析用试剂。

会游泳的鸡蛋

新鲜的鸡蛋放在水里，总是沉在水底下而不会浮起来的。可是在下面的实验里，我们不仅可以使鸡蛋浮起来，而且可以叫它上下浮沉。

在一个大茶杯中，放入约半杯清水。把一个没有破损的、体积较小的新鲜鸡蛋放入杯中，这时鸡蛋静静地躺在杯底。然后往茶杯里加入约10毫升的浓盐酸（加入的浓盐酸量大约是清水体积的1/20；如果用稀盐酸，可以酌量多加一些），并且用竹筷或玻璃棒搅匀溶液。不久，鸡蛋壳上慢慢地长出气泡来了，气泡由小到大，由少到多。不多时鸡蛋便缓缓上升，并且还会上下浮沉。

遇到这种情景，大家不免会想：鸡蛋不会浮在清水上面，为什么在加有盐酸的溶液中却能浮起来呢？原因在于蛋壳的主要成分是碳酸钙。它碰到盐酸会起作用，产生大量的二氧化碳气体。

由于二氧化碳气体不断地附在蛋壳周围，于是它们的总体积就比鸡蛋原来的体积大得多，浮力也就逐渐增加。等到浮力大于鸡蛋重力的时候，鸡蛋便立刻浮起来了。而当鸡蛋到达液面时，附在它表面上的二氧化碳大部分散走了，当它的重力重新大于浮力时，它就再次沉没。

这个实验的成败，除了和盐酸的浓度有关以外，还要求选用的鸡蛋尽可能地小些。鸡蛋越小，它就越容易上升和下沉。

经过一段时间以后，蛋壳不再产生气泡。这时，如果把鸡蛋取出用水冲净，就会发现鸡蛋变得软绵绵，好像已经剥去壳似的。这是因为鸡蛋被盐酸"剥"去了一层硬壳，只剩下不含碳酸钙的软膜。鸡蛋依赖这层软膜，才勉强地包住蛋白和蛋黄，不至破裂流散。

鸡蛋不仅可以在浓硫酸中"游泳"，在其他的液体里它也一样游刃有余。看下面的实验：

【实验用品】

玻璃瓶1个（瓶口须比鸡蛋略小）、茶杯2个、碗1个，量筒1个、玻璃棒、6摩/升盐酸、食醋、36%～38%盐酸、鲜鸡蛋3个。

【实验步骤】

（1）将鲜鸡蛋放入一杯醋中，浸泡24小时后，蛋壳慢慢变软，且有弹性（有时需换醋再泡一次），然后取玻璃瓶一个，将燃着的纸片投入瓶中，把瓶中空气排走一部分，并立即将软壳蛋直立在瓶口上，瓶内气体冷却后，压力减小，鸡蛋将被吸入瓶中，隔一两天后蛋壳又渐渐变硬，用玻璃棒轻按蛋壳，便可感觉出来（鸡蛋入瓶）。

（2）将另一个鲜鸡蛋放入一杯水里，鸡蛋将沉到杯底。然后往茶杯里加入约10毫升的浓盐酸（加入的浓盐酸大约是清水体积的1/20；如果用稀盐酸，可酌量多加一些）。用玻璃棒搅拌，不久，鸡蛋壳上慢慢地有气泡产生。这时鸡蛋便缓缓上升，并且还会上下浮沉（鸡蛋游泳）。

（3）将第三个鸡蛋放在一个装有盐酸（6摩/升）的小碗里，不时转动鸡蛋，让蛋壳与盐酸充分作用。几分钟后，盐酸就会把蛋壳都溶解掉，使鸡蛋变成一个很软的被一层薄膜包围起来的蛋白和蛋黄。小心地将碗里盐酸倒掉，碗内换进清水，反复清洗几次，直到把鸡蛋表面的盐酸和碗里残存的盐酸洗净为止。清洗后，在碗里倒满水，把这个柔软的鸡蛋泡在水中（注意水要把蛋盖没），你将会看到，鸡蛋在渐渐地肿胀。过一天以后，就会发现鸡蛋变大了（小蛋变大蛋）。

【实验分析】

碳酸钙是鸡蛋壳的主要成分之一，它可与酸作用：

$$CaCO_3 + 2HCl = CaCl_2 + H_2O + CO_2 \uparrow$$

$$CaCO_3 + 2CH_3COOH = (CH_3COO)_2Ca + H_2O + CO_2 \uparrow$$

细胞膜具有渗透作用，水可透过薄膜。而细胞液却不能透过薄膜。

实验所用鸡蛋必须是新鲜的，不能用石灰或水玻璃处理过的鸡蛋，因处理过的蛋膜，已不起渗透的作用，小蛋不能变大蛋了。另外，清洗软壳的鸡蛋时，一定要小心，不要把鸡蛋表面的薄膜弄破。

碳 酸 钙

碳酸钙是一种无机化合物，白色粉末或无色结晶，是石灰石和方解石的主要成分，亦为动物骨骼或外壳的主要成分。碳酸钙呈碱性，不溶于水、乙醇，微溶于二氧化碳。碳酸钙是制造光学钕玻璃及涂料原料。食品工业中可作为添加剂使用。

延伸阅读

糟蛋为什么也发软

我们知道，糟蛋和咸蛋、皮蛋等不同，它的壳是软的。这是因为它是用酒糟制成的。酒糟中含有的各种有机酸（主要是醋酸），都能和蛋壳中的碳酸钙发生作用，生成二氧化碳气体放出。像盐酸和碳酸钙作用一样，这些有机酸把蛋的硬壳"剥"掉了，所以糟蛋就像没有壳似的发软。

▐▊▎ 液体中的火光

众所周知，水和火是不相容的。下面这个实验，火光偏偏是在"水"里发生的。

在试管里盛约5毫升纯酒精，把试管斜放着，沿着试管壁慢慢地加入等体积的浓硫酸（不要摇动试管）。这时可以看到管里的液体分成两层，比较重的浓硫酸沉在下面。然后，再往试管里放入十几粒高锰酸钾（注意高锰酸钾量不可过多，否则反应过于剧烈，管里的液体会冲出来。另外，管中装的浓硫酸有腐蚀性，操作时要注意安全，最好把试管放在烧杯或者玻璃瓶中进行，以免硫酸溅出）。这时，在两层液体的交界处，就会很快地发出闪闪的火花。如果这个实验在晚上或者黑暗的地方进行，火花更加显得明亮。

在本实验中，这种水火交融的现象之所以能发生，主要是因为以下物质：

浓硫酸

浓硫酸是一种无色无味油状液体。常用的浓硫酸中 H_2SO_4 的质量分数为 98.3%，其密度为 1.84 克/厘米^3，其物质的量浓度为 18.4 摩尔/升。硫酸是一种高沸点难挥发的强酸，易溶于水，能以任意比与水混溶。浓硫酸溶解时放出大量的热，因此浓硫酸稀释时应该"酸入水，沿器壁，慢慢倒，不断搅"。若将浓硫酸中继续通入三氧化硫，则会产生"发烟"现象，这样浓度超过 98.3% 的硫酸称为"发烟硫酸"。

脱水性是浓硫酸的化学特性，物质被浓硫酸脱水的过程是化学变化的过程。反应时，浓硫酸按水分子中氢氧原子数的比（2∶1）夺取被脱水物中的氢原子和氧原子。

可被浓硫酸脱水的物质一般为含氢、氧元素的有机物，其中蔗糖、木屑、纸屑和棉花等物质中的有机物，被脱水后生成了黑色的炭（炭化）。

酒 精

酒精是一种无色透明、易挥发、易燃烧、不导电的液体。有酒的气味和刺激的辛辣滋味，微甘。学名是乙醇，分子式 C_2H_5OH，因为它的化学分子式中含有羟基，所以叫做乙醇，密度 0.7893。凝固点零下 117.3℃。沸点 78.2℃。能与水、甲醇、乙醚和氯仿等以任何比例混溶。有吸湿性，与水能形成共沸混合物，共沸点 78.15℃。乙醇蒸气与空气混合能引起爆炸，爆炸极限浓度 3.5% ~ 18.0%（W）。酒精在 70%（V）时，对于细菌具有强烈的杀伤作用，也可以做防腐剂、溶剂等。处于临界状态（243℃、60千克/厘米^2）时的乙醇，有极强烈的溶解能力，可实现超临界淬取。由于它的溶液凝固点下降，因此，一定浓度的酒精溶液，可以做防冻剂和冷媒。酒精可以代替汽油做燃料，是一种可再生能源。

高锰酸钾

高锰酸钾亦名"灰锰氧"、"PP 粉"，是一种常见的强氧化剂，常温下为紫黑色片状晶体，易见光分解：$2KMnO_4（s）\!=\!=\!=\!K_2MnO_4（s）+MnO_2$（s）$+O_2（g）$，故需避光存于阴凉处，严禁与易燃物及金属粉末同放。高锰酸钾以二氧化锰为原料制取，有广泛的应用，在工业上用做消毒剂、漂白剂等。在实验室，高锰酸钾因其强氧化性和溶液颜色鲜艳而被用于物质的鉴定，酸性高锰酸钾是氧化还原滴定的重要试剂。

为了更好地让大家理解这种水火相容的化学现象，下面给大家介绍液体中火光的实验。

实验：电石的"水"下火花

【实验用品】

玻璃、饱和氯水、电石。

【实验步骤】

在一个大玻璃筒内，装入约 4/5 体积的饱和氯水，随即投入几颗小电石块，立即可见玻璃筒内的氯水上下，火花四起。在暗处观看，更是有趣。

【实验分析】

（1）电石与水反应产生的乙炔与氯水中的 Cl_2 反应如下：

$C_2H_2+Cl_2=\!=\!=2HCl+2C$

本实验的缺点是：氯水用量多，有刺激性臭味，同时反应游离析出碳尘，污染环境。整个实验尽量在 1 分钟内完成。

知识点

物质的量浓度

以单位体积溶液里所含溶质 B 的物质的量来表示溶液组成的物理量，叫做溶质 B 的物质的量浓度。利用化学反应进行定量分析时，用物质的量浓度来表示溶液的组成更为方便。

延伸阅读

腐　蚀　性

　　狭义的腐蚀是指金属与环境间的物理和化学相互作用，使金属性能发生变化，导致金属、环境及其构成系统会受到损伤的现象。腐蚀可分为湿腐蚀和干腐蚀两类。湿腐蚀指金属在有水存在下的腐蚀，干腐蚀则指在无液态水存在下的干气体中的腐蚀。干腐蚀常见的是高温氧化。实验室中常见的腐蚀品有硫酸、硝酸、氢氯酸、氢溴酸、氢碘酸、高氯酸，还有氢氧化钠等碱性腐蚀品，这些物质都十分危险，在做相关实验室都必须注意保护措施。

敲铁变铜

【实验用品】

　　小烧杯4只、铁片、塑料丝、小铁锤；浓盐酸、发烟硝酸、蒸馏水、硫酸铜溶液。

【实验步骤】

　　（1）将一块光洁的铁片用砂纸除去锈斑及污垢，在一端边缘处钻一个小孔，用塑料丝穿过小孔系牢。

　　（2）取干燥洁净的小烧杯4只，分别盛浓盐酸、发烟硝酸、蒸馏水及硫酸铜溶液各半杯。

　　（3）先将铁片在浓盐陵中浸一下，洗去铁片表面上残存的铁锈，提

砂 纸

出滴去余液。再在发烟硝酸中浸1~2分钟后轻轻提出，然后轻轻地在蒸馏水中浸洗一下，再小心地在硫酸铜溶液中浸一下，提出来的铁片依然呈现银白色。

　　（4）用小铁锤在铁片表面中心点轻轻一敲，就可清楚地看到被敲的一

点立即变成紫红色，并很快向周围蔓延开来。不久，银白色的铁片竟变成了铜片！

【实验分析】

这是铁的钝态和金属活动性顺序的实验。铁片与发烟硝酸作用，使铁片表面生成了一层薄而致密的氧化膜，呈现钝态，氧化膜不与硫酸铜溶液反应，也能保护膜内的铁不与硝酸反应。但是这一层氧化膜很脆，被敲击时膜即破裂，附着在铁片上的硫酸铜溶液就渗过裂缝与膜内的铁发生置换反应，很快在铁片表面上就镀上了一层铜：

$$Fe + CuSO_4 = FeSO_4 + Cu$$

实验中要注意：

（1）发烟硝酸必须是很浓的。

（2）铁片在发烟硝酸中浸过后移动时切勿振动或碰撞器壁。

知识点

氧 化 膜

先解释一下钝化，钝化是应用化学或电化学方法，在金属表面形成一层薄的氧化物层，使金属腐蚀速率大大降低的过程。由于大多数钝化膜是由金属氧化物组成，所以称钝化膜为氧化膜。氧化膜厚度一般为 $10^{-9} \sim 10^{-10}$ 米。一些还原性阴离子，如 Cl^- 对氧化膜破坏作用较大。为了得到厚的致密的氧化膜，常采用化学或电化学处理。

延伸阅读

发烟硝酸是怎么回事

发烟硝酸是浓度98%的硝酸，为无色到微黄或微带棕色的澄清液体，由于98%的硝酸有强烈的挥发性，不断地有气体从溶液中向外逸出，就像有烟冒出一样，所以称为发烟硝酸。发烟硝酸有强烈的氧化性和腐蚀性，因此切勿与易氧化物接触，也忌与皮肤接触。如不慎与皮肤接触，要马上用大量流动清水冲洗。如不慎吸入，要迅速脱离现场至新鲜空气处，保持呼吸道通畅。若呼吸困难，要及时给予输氧或立即进行人工呼吸。

蓝黑墨水大变身

为什么蓝黑墨水刚写出来的字是蓝色的，而过了几天以后却变成蓝黑色了呢？做一做下面的两个实验，对于了解墨水的成分和性质将会有不少的帮助。

在小瓷碗内放半匙硫酸铁（三价的铁盐），再加入3毫升左右的水，使它溶解，然后加入3毫升鞣酸溶液（浓度为10%）。这时，我们可以观察到，在碗里生成了不溶性的、黑色的沉淀物——鞣酸铁。

如果用硫酸亚铁（二价的铁盐）与鞣酸作用，现象可大不相同了。先取3只小铁钉，用砂纸擦去表面上的铁锈，然后把它们放进玻璃试管中，再加入5毫升稀硫酸溶液（把1体积浓硫酸慢慢倾入4体积的水中配成）。为了加速反应的进行，可适当加热。反应完毕后，上层清液就是硫酸亚铁溶液。取3毫升刚制得的硫酸亚铁溶液放在小瓷碗里，并迅速加入鞣酸溶液3毫升。由于生成的鞣酸亚铁是无色的和可溶性的，因此整个反应过程没有明显的现象发生，仍旧像原来的状态。如果把这个溶液放置2~3天，鞣酸亚铁因为被空气中的氧所氧化，变成为黑色的鞣酸铁了。于是这个溶液里就会析出黑色的沉淀来。

从这两个实验可以知道：鞣酸铁是不溶性的物质，在水中就已经成为沉淀状态。这些沉淀物十分容易使钢笔的流水管子塞住，所以不能用鞣酸铁来配制墨水。而鞣酸亚铁却不同，它是清液，容易书写，并且用它写下的字迹，因为其中的鞣酸亚铁会与空气中的氧气慢慢作用变成为黑色，这种变黑的字迹很不容易褪色，所以它才是制造墨水的理想原料。虽然在普通的蓝黑墨水里，主要是鞣酸亚铁溶液，但它却是无色的，为了能清楚地进行书写，还必须加入蓝色染料——可溶性靛蓝，使墨水成为蓝色。用这种墨水所写出的字迹，开始时是蓝色的，可是时间一长，里面所含的鞣酸亚铁氧化成为鞣酸铁以后，就会变为经久不褪色的蓝黑色了。

懂得了墨水变黑的道理以后，我们就应该知道，使用蓝黑墨水时，不能长期使墨水暴露在空气中，否则墨水就会变质，产生沉淀而不能使用。

根据墨水变黑的原理，我们就可以做一个茶变墨水的实验。

我们知道，茶叶里不仅含有茶素、茶精油等物质，而且还含有不少鞣酸。

用50毫升水溶解7克左右的绿矾（带有结晶水的硫酸亚铁），配成溶液。再用棉花或干净的纸团蘸取溶液涂在茶杯内壁上，这时杯壁并不呈现什么颜色。过一会儿，把浓茶（取茶叶2匙加在100毫升沸水中煮沸即成）倾入杯中的时候，茶汁立刻变成了黑色的墨水。

原来，绿矾的溶液（杯壁上）暴露在空气中，二价的亚铁会被空气中的氧气氧化成三价的铁。三价的铁一旦遇到茶里的鞣酸，就马上发生反应，生成鞣酸铁。于是，茶就变成墨水了。当然，这种生成了黑色沉淀的墨水是不能使用的。

知识点

鞣　酸

鞣酸是由五倍子中得到的一种鞣质，为黄色或淡棕色轻质无晶性粉末或鳞片，有特异微臭，味极涩。溶于水及乙醇，易溶于甘油，不溶于乙醚、氯仿或苯。其水溶液与铁盐溶液相遇变蓝黑色，加亚硫酸钠可延缓变色。在工业上，鞣酸被大量应用于鞣革与制造蓝墨水。

延伸阅读

蓝黑墨水的组成

蓝黑墨水由变黑持久不褪成分、色素成分、稳定剂、抗蚀剂、润湿剂和防腐剂等组成。

（1）变黑持久不褪成分：主要是鞣酸、没食子酸和硫酸亚铁等成分彼此化合，生成鞣酸亚铁和没食子酸亚铁，氧化后都变成不溶性的高价铁，即鞣酸铁和没食子酸铁，前者增强耐水性，后者增强变黑性，这样使墨水耐水、变黑、色持久不褪。（2）色素成分：常用的是酸性墨水蓝和直接湖蓝染料，黑水蓝是墨水的主色，水溶液遇酸不变质，但遇碱则变为棕色。直接湖蓝在墨水中起助色作用。（3）稳定剂：在墨水中加稳定剂的目的，主要是消除墨水的沉淀，以免书写时发生断水现象。（4）抗蚀剂：因墨水中加入的稳定剂具有较强酸性，为防止腐蚀，常加抗蚀剂，使它和铁质结成薄膜，降低硫酸的腐蚀作用90%。使墨水中的含铁量不会因腐蚀笔尖而增加，从而增加了墨水的稳定性。（5）润湿剂：为防止墨水中的水分蒸发，造成书写不便，在墨水中加入不易挥发，且有吸水性的润湿剂，使笔尖保持湿润，以利书写。

飘浮在二氧化碳中的气球

在五彩缤纷的氢气球里面，充的是一种很轻的气体——氢气。因为氢气容易燃烧和爆炸，所以现在的专用气球，如某些探空用的气象气球，多半已经改充另一种较轻的和不会燃烧的氦气了。

远在飞机发明以前，当时充氢气的气球还未问世，我国劳动人民就已经懂得热空气比冷空气轻的道理，并且创造出能自动腾空的纸灯——孔明灯。这种灯，实际上是一个充满热空气的大纸袋。而热空气是利用安置在灯内底部的燃烧物（吸饱油脂之类的棉花团）加热产生的。只要点燃可燃物，灯内的空气受热变轻，使整个纸灯的浮力增大，等到重力比浮力小时，纸灯就徐徐上升。

这里向大家介绍的是一个既不用氢气，也不用热空气，却能使气球上升的实验。

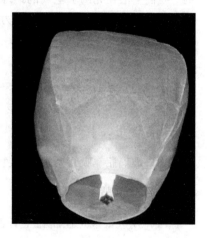

孔明灯

把一个吹足气的小气球放在一只较大的缸（如大金鱼缸）里，气球就沉在缸底。另外在一个细口瓶中放进十几粒像蚕豆大小的大理石，再注入浓度约10%的稀盐酸（足以浸没大理石即可）。用装有弯玻璃管的软木塞塞紧瓶口，使生成的二氧化碳气体通过弯玻璃管进入到缸里。随着二氧化碳气体的通入，原来沉在缸底的小气球，便缓缓上升，最后静静地浮在半缸中不动，宛如皮球浮在水面那样。

充氢气或热空气的气球能在天空中冉冉上升，是因为氢气和热空气的密度比空气小。那么，充满空气的气球又为什么能浮在二氧化碳气体中呢？原理是一样的，这是因为空气的密度比二氧化碳的密度小的缘故。在这里，气球内的空气加上气球胶囊的重量，等于气球所排开的二氧化碳气体的重量。换句话说，就是因为气球所得到的浮力，和气球总的重量（也是重力）相同，所以它能像船浮在水上一样，浮在二氧化碳上。由于二氧化碳和空气都是透明的，所以看起来好像悬浮在缸中。

这个实验也可以这样进行：

用一支玻璃管或小竹管（麦秆也成），沾上一些肥皂水，然后吹成肥皂泡。通常，由于肥皂泡比空气重，所以肥皂泡离开了玻璃管之后不久，就会受到重力作用一直往下沉。如果把肥皂泡吹在盛满二氧化碳气体的缸中，这时，它就不会下沉，而是悬在缸的半空。这和气球浮在缸中的道理一样。

这个实验证明，不仅水、油等液体具有浮力，而且气体也是具有浮力的。我们生活在充满了空气的地球上，时刻都受到空气的浮力作用的，只不过因为地球对我们的引力（重力）大大超过了浮力，所以我们才感觉不出来。

这个实验还可以这样进行：

实验：瓶内吹气球

【实验用品】

大口玻璃瓶、吸管两根、红色和绿色气球各一个、气筒。

【实验步骤】

（1）用改锥事先在瓶盖上打两个孔，在孔上插上两根吸管：红色和绿色。

（2）在红色的吸管上扎上一个气球。

（3）将瓶盖盖在瓶口上。

（4）用气筒接红吸管处将气球打大。

（5）将红色吸管放开气球立刻变小。

（6）用气筒再接红吸管处将气球打大。

（7）迅速捏紧红吸管和绿吸管两个管口。

（8）放开红色吸管口，气球没有变小。

【实验分析】

这是因为：当红色吸管松开时，由于气球的橡皮膜收缩，气球也开始收缩。可是气球体积缩小后，瓶内其他部分的空气体积就扩大了，而绿管是封闭的，结果瓶内空气压力要降低——甚至低于气球内的压力，这时气球不会再继续缩小了。

知识点

浮 力

浮力指物体在流体（包括液体和气体）中，上下表面所受的压力差。浮力的方向始终是竖直向上的。浸在液体中的物体，当它所受的浮力大于重力时，物体上浮；当它所受的浮力小于所受的重力时，物体下沉；当它所受的浮力与所受的重力相等时，物体悬浮在液体中，或漂浮在液体表面上。

延伸阅读

孔明灯的来历

孔明灯又叫天灯，相传是由三国时期的军事家诸葛孔明发明的。当年，诸葛孔明被敌军将领司马懿率兵围困于平阳，无法派兵出城求救。孔明算准风向，制成会飘浮的纸灯笼，系上求救的讯息，让这个纸灯笼飞出求援，后来援兵来到，解了被困之围。于是后世就称这种灯笼为孔明灯。还有一种说法说这种灯笼的外形像诸葛孔明戴的帽子，因而得名孔明灯。

其他趣味实验

你见过荒郊野外暗夜星空下飘移不定的"鬼火"吗？你知道氨水是如何降温的吗？你知道枝状盐花是怎么形成的吗？还有在化学中为什么有的时候 $1+1$ 不等于 2 吗？这一切都可以通过一系列化学实验告诉你，原来飘移不定的"鬼火"是白磷缓慢氧化的结果，枝状盐花是一种结晶现象……

漂移的"鬼火"

过去，在荒郊野外的坟堆附近，夜幕降临后，常会见到一些淡绿色的火光，随风飘浮，忽隐忽现。迷信者说：这是"鬼火"。

其实，"鬼"当然是没有的，而火却是真的。那么，这火是从哪里来的呢？

原来，"鬼火"实际上就是磷火，是埋在土壤里的尸体，在腐烂过程中发生了复杂的化学反应，生成了一种叫磷化氢（PH_3）的物质。磷化氢中还混杂有微量的四氢化磷（P_2H_4），又名联磷。这种联磷在常温下一接触到空气，便会发火自燃，从而引起磷化氢的燃烧，火焰随空气流浮动，这便是所谓的鬼火了。

现在让我们用实验来戳穿"鬼火"的秘密。

在一只大试管里，放入 35 毫升左右的浓氢氧化钾（或氢氧化钠）溶液和一粒小黄豆般大小的黄磷（黄磷又名白磷，有剧毒，并且极易着火燃烧，切割时要在水下进行，不能用手拿，多余的磷必须仍浸泡在水里或煤油里。小黄豆粒大小的磷最好再切碎些，以扩大反应接触面）。用铁夹将试管微微倾斜地固定在铁架台上，试管口塞上一个附有玻璃导管的橡皮塞，导管的另一端浸没在水槽中。然后用酒精灯缓缓加热试管，水槽中的导管口即有气体冒出。此气体一接触空气，旋即发生一团团的火光，这就是"鬼火"了。注意！实验要在通风处进行，人必须站在上风，因为产生的磷化氢有毒。反应后若反应物里仍有黄磷残留，必须妥善处理。

磷广泛存在于动植物体中，因而它最初从人和动物的尿以及骨骼中取得。这和古代人们从矿物中取得的那些金属元素不同，它是第一个从有机体中取得的元素。最初发现时取得的是白磷，是白色半透明晶体，在空气中缓慢氧化，产生的能量以光的形式放出，因此在暗处发光。当白磷在空气中氧化到表面积聚的能量使温度达到40℃时，便达到磷的燃点而自燃。所以白磷曾在19世纪早期被用于火柴的制作中，但由于当时白磷的产量很少而且有剧毒，使用白磷制成的火柴极易着火，效果倒是很好，可是不安全，所以很快就不再使用了。到1845年，奥地利化学家施勒特尔发现了红磷，确定白磷和红磷是同素异形体。由于红磷无毒，在240℃左右着火，受热后能转变成白磷而燃烧，于是，红磷成为制造火柴的原料，一直沿用至今。

磷在食物中分布很广，无论动物性食物或植物性食物，在其细胞中，都含有丰富的磷，动物的乳汁中也含有磷，所以磷是与蛋白质并存的，瘦肉、蛋、奶，动物的肝、肾含量都很高，海带、紫菜、芝麻酱、花生、干豆类、坚果粗粮含磷也较丰富。但粮谷中的磷为植酸磷，不经过加工处理，吸收利用率低。此外，磷还是构成骨骼和牙齿的重要成分。磷为骨和牙齿的形成及维持所必需。例如在骨的形成过程中2克钙需要1克磷。

所以人类在摄取了这些食物以后，人类体内磷的含量会增加，特别是骨骼和牙齿上。在人死后，这些磷却没有"死"。在达到磷自燃的条件后，"鬼火"也就出现了。

知识点

金属元素

金属元素是指具有金属通性的元素。金属元素种类高达80余种，性质相似，主要表现为还原性，有光泽，导电性与导热性良好，质硬，有延展性，除汞外常温下一般是固体（汞在常温下为银白色液体，俗称"水银"）。

延伸阅读

炼金术与磷的发现

关于磷元素的发现，还得从欧洲中世纪的炼金术说起。那时候，盛行着炼金术，据说只要找到一种聪明人的石头——哲人石，便可以点石成金，让普通的铅、铁变成贵重的黄金。炼金术家仿佛疯子一般，采用稀奇古怪的器皿和物质，在幽暗的小屋里，口中念着咒语，在炉火里炼，在大缸中搅，朝思暮想寻觅点石成金的哲人石。1669年，德国汉堡一位叫布朗特的商人在强热蒸发人尿的过程中，没有制得黄金，却意外地得到一种像白蜡一样的物质，在黑暗的小屋里闪闪发光。这从未见过的白蜡模样的东西，虽不是布朗特梦寐以求的黄金，可那神奇的蓝绿色的火光却令他兴奋得手舞足蹈。他发现这种绿火不发热，不引燃其他物质，是一种冷光。于是，他就以"冷光"的意思命名这种新发现的物质为"磷"。

二氧化碳灭火

在日常生产和生活中往往出现失火的情况。失火就要及时抢救，但如果没有弄清起火原因，乱用灭火设备，可能会造成其他不必要的损失。所以，平时每个人都应懂得一点儿消防灭火知识。例如遇到油类起火，就不能用水来浇。大家知道，油比水轻得多，燃烧着的油不仅可以浮在水上继续燃烧，而且会使火焰随着水的流动而蔓延开来。故油类起火应该选用泡沫灭火机。泡沫灭火机为什么能扑灭油类的火焰呢？我们可以做个泡沫灭火的实验，看一看火是怎样被扑灭的。

准备一个比较坚固的玻璃瓶和附有玻璃管的橡皮塞，玻璃管通过一小段橡皮管和另一尖嘴玻璃管连接。再把溶有小苏打和肥皂的溶液注入瓶中，约大半瓶。然后把装满明矾溶液的两支试管小心地放入瓶里（每支试管里插入一根适当长度的小竹筷，以免在瓶子翻转时把试管撞破）。最后塞上事前配好的塞子。

当倾倒瓶子时，两种溶液便相互混和并发生化学作用，产生了大量带有二氧化碳气体的泡沫。由于气体不断地增加，压力增大到一定程度的时候，就会把泡沫压出。只要用手压紧塞子，不使瓶塞松动，并控制好管口的尖嘴玻璃管，就可以使泡沫喷射到着火的地方，把火扑灭。

假如把泡沫液喷在一个盛有煤油的已经着火的铁罐中，火焰就会马上熄灭（为了避免发生危险，煤油应少些，薄薄地遮住罐底即可，而且要远离易燃物品）。

明 矾

在这个实验里，因为明矾（含结晶水的硫酸钾和硫酸铝的）和小苏打（碳酸氢钠）反应时，不但产生了大量的二氧化碳气体，而且还生成胶体状态的氢氧化铝。同时，溶液里还加有肥皂或肥皂粉等可以形成比较稳定泡沫的物质。所以二氧化碳冒出时，便能产生大量不易破裂的气泡。泡沫的密度只有 0.15～0.25，比油类还要轻，因此灭火器所形成的泡沫，总是浮罩在油类的液面上。由于充满了二氧化碳的泡沫像一张棉被那样覆盖在油类上面，隔绝了燃烧物和空气的接触，很快便把火闷熄了，所以它具有特殊的灭火效果。

一般的酸碱式灭火器虽然在二氧化碳气体冲出时也能产生一些泡沫，但这种泡沫十分容易破裂，并且还存在着大量的水，所以用它去扑灭油类的着火，比用水去扑灭也好不了多少。

虽然实际使用的泡沫式灭火器比实验时的型式要完善得多，但原理却是一致的。

泡沫灭火器主要用于扑灭油类的着火，对于电器或精密仪器的着

泡沫灭火器

火，便不太适合，因为它喷射出来的泡沫是能导电的，同时也容易把仪器损坏。要扑灭这类设备的着火，最好是用液体二氧化碳灭火器。二氧化碳在常温常压下本是气体，但在加压的条件下，可以成为液体。液体二氧化碳灭火器就是把液体二氧化碳储存在一个耐高压的钢筒里，使用时只需把阀门打开，液体的二氧化碳即因压强降低而变成气体，喷射到燃烧的物体上。二氧化碳气体比空气重，它可以覆盖在燃烧物上，把火灭掉。二氧化碳灭火机灭火时，不留下任何痕迹，不损坏仪器和文件。

知识点

复盐

复盐又叫重盐，是由两种或两种以上的简单盐类组成的同晶型化合物。复盐中含有大小相近、适合相同晶格（表示原子在晶体中排列规律的空间格架叫晶格）的一些离子。复盐晶体的晶格能较大，因此比组成它的简单盐类更稳定。复盐溶于水时，电离出的离子，跟组成它的简单盐电离出的离子相同。

延伸阅读

二氧化碳灭火器的使用方法

灭火时只要将灭火器提到或扛到火场，在距燃烧物 5 米左右，放下灭火器拔出保险销，一手握住喇叭筒根部的手柄，另一只手紧握启闭阀的压把。对没有喷射软管的二氧化碳灭火器，应把喇叭筒往上板 70°~90°。使用时，不能直接用手抓住喇叭筒外壁或金属连线管，防止手被冻伤。灭火时，当可燃液体呈流淌状燃烧时，使用者将二氧化碳灭火剂的喷流由近而远向火焰喷射。如果可燃液体在容器内燃烧时，使用者应将喇叭筒提起。从容器的一侧上部向燃烧的容器中喷射。但不能将二氧化碳射流直接冲击可燃液面，以防止将可燃液体冲出容器而扩大火势，造成灭火困难。

推车式二氧化碳灭火器一般由两人操作，使用时两人一起将灭火器推或拉到燃烧处，在离燃烧物 10 米左右停下，一人快速取下喇叭筒并展开喷射软管后，握住喇叭筒根部的手柄，另一人快速按逆时针方向旋动手轮，并开到最大位置。灭火方法与手提式的方法一样。

氨水降温

烧开了的水，如果继续加热，它的温度就不再随着上升，只是不断地化为水蒸气。由此可见，液体在变成气体时是需要吸收热量的。同样道理，天热的时候，身上出了汗，如果用扇子扇风，一方面是由于空气的流动带走了一部分热量，另一方面在扇风的时候，液体状态的汗以较快的速度蒸发成气体，这个蒸发的过程也像开水气化一样，消耗了身上的热量，所以就使人感到格外凉快。

从上面两个现象里，我们可以得到一个启发：加快液体变成气体的过程，将可以获得比较低的温度。我们也可以通过下面的实验更好地理解这个现象。

在一个烧杯（或薄壁的玻璃杯）中，注入约1/2体积的浓氨水。然后在小木块上滴上 1～2 滴水，把烧杯放在上面。最后，用一支长玻璃管插在氨水中吹气。不久，木块上的水便冻结成冰，把烧杯和木块冻结在一起，甚至把烧杯拿起来的时候，木块也不会脱落。

氨水溶有大量的氨，当吹入的空气从氨水里冲出来的时候，便把溶解的氨带了出来。由于氨从液体变成气体时，消耗了大量的热，结果便使氨水的温度显著下降，把附近的水也冻结成冰了。这个实验最好在秋天或冬天进行，氨水的温度就可以很轻易地下降到0℃以下；如果在夏天进行，氨水的温度也可以降低20℃左右。

氨对眼睛有强烈的刺激作用，而且它的气味也

氨 水

很不好闻。因此，这个实验必须在通风的地方进行；吹气用的玻璃管也要长一些的，以减轻氨气对人的刺激。

电影院、会场的冷气，冷饮店里的冰箱以及在大暑天依然是"冰冻三尺"的冷藏库等，都是根据这个原理来获得低温和人造冰的。不过，因为要把液体气化后的气体回收并重新使用，所以它们的制冷过程比较复杂。

在这些设备里，为了便于回收和循环使用，实际上都是采用液态的氨或氟氯甲烷作制冷剂，而不采用氨水。

氨或氟氯甲烷在加压的情况下很容易变成液体，而在常压下却是气体。只要把加压下的氨或氟氯甲烷液体送到体积比较大的冷冻管，这时由于压强骤然降低了，液体就会在冷冻管内迅速气化，从而获得了低温。冷冻管外流动的盐水（它的冰点较低，不易结冰），将受到管内低温的影响，温度很快便降到0℃以下。这个冷盐水如流经清水槽的外壁，清水便冻结成冰；冷盐水如流经冷气管，便使管外的空气冷却，把冷空气送进房间里，房间就十分凉爽。在冷冻管内气化生成的气体氨或氟氯甲烷，再经过压缩机加压，又可变成液体。不过，它还不能马上使用，因为气体液化成液体时正好和液体变成气体的过程相反，倒是要放热的。所以，压缩后的液体，由于温度较高，需用冷水在液化管外喷淋冷却，然后才能重新送到冷冻管气化制冷。

知识点

人 造 冰

所谓人造冰通常是指人们科学地运用制冷设备来吸收水或水溶液中的热量并使之冻结成固体的一个过程。人造冰按其物质组成可分为水冰、防腐冰、溶液冰、干冰等几种。

延伸阅读

冰箱的制冷原理是怎样的

冰箱制冷，首先是通过压缩机将氟打压成高压的气体，然后通过冷凝器（一般是冰箱的两侧）变成高压液体，同时因氟液化放热。所以制冷时外机和冰箱两侧是热的。然后通过毛细管变成低压低温液体。然后通过蒸发器（一般是冰箱的冷藏冷冻室）变成低压气体，同时因氟气化吸热。所以制冷时内机和冰箱的冷藏冷冻室是凉的。然后氟再次回到压缩机重复上述工作。

"一雹成冰"

在一试管"清水"里，只要投入一小粒"雹"，就足以把整试管的水"冻"结成"冰"。下面就来介绍这样一个实验。

在一只干净的大试管里，注入约1/4管的冷水，慢慢地加入十水硫酸钠晶体，用棒不断搅拌，加到晶体不能再溶为止。然后再多加一些晶体，使十水硫酸钠的重量与水的重量之比约等于7：5。加微热使它全部溶解。最后，在管口松松地塞上一团棉花，防止灰尘和杂质落入管中，静置冷却。这个手续如果做得正确，试管里的溶液直到冷透也不会有晶体析出。

溶液冷却20～30分钟以后，小心地拿去管口上的棉花，投入一颗像米粒大小的硫酸钠晶体，管中立刻出现针状晶体。接着，以硫酸钠晶体下沉时所经过的迹线为轴心，结晶过程向周围迅速发展。一转眼工夫，试管里的液体就全部凝结成"冰"，好像天气突然冷到零下若干摄氏度似的。

原来，这里结的并不是什么冰，只不过是硫酸钠的晶体罢了。可是，为什么投入那么小的一粒硫酸钠以后，就立即引起了大量的晶体析出呢？

因为硫酸钠晶体溶解的数量是与温度密切相关的，温度越高，溶量的数量就越多。如果在冷水里已经溶解了足量的硫酸钠，再借加热的方法使它多溶解一些，那么在冷却时，溶液里硫酸钠的数量显然已经超出了它原来所溶解的数量。这时的溶液叫做过饱和溶液。一般说来，过饱和溶液应该结出晶体来，但由于这支试管里的溶液冷却得很慢，而且溶液里没有与晶体形状相似的固体存在，硫酸钠就好像没有立足点的飞鸟那样，只好继续漂游而不成晶体析出。如果在这个过饱和溶液里投入一小粒硫酸钠晶体，那么全部过量的硫酸

硫酸钠晶体

钠，便迅速地沉积在这一粒晶体所分离出来的质点上，结成晶体。这就是"一雹成冰"的道理。

不过，既然在管中能结晶的只是那过量的硫酸钠，可是为什么看起来却像是整个溶液都已结晶一样呢？

这是由于结晶的时候，过量的硫酸钠在质点上的沉积作用是扩散的，而且十分容易扩散到整个溶液。同时，因为硫酸钠晶体非常细小，它均匀地分布在整个溶液区域里，所以很难看出试管里还有溶液存在。实际上管中还是有液体存在的。如果我们把试管摇荡几下，晶体便会下沉，那些液体就会露出来。

在生产上，如果需要由溶液析出晶体，一般都设法避免晶体从过饱和溶液中突然地大量析出，因为这样析出的晶体过分细小，不便于下一工序如过滤、分离、干燥的进行。因此，一般都是在溶液达到饱和的时候，加入大量晶种（经过研磨的非常细小的晶体），同时进行适当的搅拌。这样，当溶液冷却的时候（或是溶剂继续蒸发的时候），溶质就可以从容地、均衡地沉析在这些晶种上，成为较大的晶体。

知识点

结　晶

　　液态金属转变为固态金属形成晶体的过程称之为结晶。结晶的方法一般有2种：一种是蒸发溶剂法，它适用于温度对溶解度影响不大的物质。沿海地区"晒盐"就是利用的这种方法。另一种是冷却热饱和溶液法。此法适用于温度升高，溶解度也增加的物质。如北方地区的盐湖，夏天温度高，湖面上无晶体出现；每到冬季，气温降低，石碱、芒硝等物质就从盐湖里析出来。在实验室里为获得较大的完整晶体，常使用缓慢降低温度，减慢结晶速率的方法。

延伸阅读

人工降雨

　　自然界里也有类似过饱和的现象，例如某些含水气的云层，当它向上升而冷却的时候（例如，冷到零下5℃以下），按照温度和它所含的水量应当有冰晶析出，但由于云层里没有结晶核心，所以它所含的水气只是处于过冷状态，而没有析出冰晶。根据从过饱和溶液析出晶体的原理，我们可以人为地使云层降雨。降雨的方法是用飞机或其他方式在这个云层里撒布烟状的碘化银。碘化银的晶体和冰晶相仿，可以充当结晶核心，使过冷的水气凝集在它的上面而成为冰晶；像滚雪球一样，冰晶越长越大，等到它大到空气支持不住的时候，就落了下来。在下降过程中，因为气温逐渐升高，它就融化成雨水了。

把水"分解"

【实验用品】

霍夫曼电解器或简易装置（烧杯、细长试管、粗铁丝，能套住铁丝的细软塑料管、石蜡）、低压直流电源（或干电池）；5%～15%的氢氧化钠水溶液。

【实验步骤】

（1）把氢氧化钠溶液注入烧杯，两细长试管里也注满溶液，然后倒立烧杯中。两根粗铁丝上紧紧套上细软塑料管，让一头的铁丝露出1～2厘米长，塑料管口处用蜡封实，掰成一个弯钩正好可从液面下塞进试管里。

（2）分别把铁丝的另一头串联到有直流电源（电压＞6V）的电路里。一切装置安装好。

（3）接通电源，观察溶液里露出的铁丝上分别产生气体，一根上多些（氢气），一根上少些（氧气）。

（4）电解5～10分钟左右，待看到两根倒立的试管底部聚集有足够的气体时为止。先看清两试管里聚集的气体体积的大小，而后设法检验生成的气体。

【实验分析】

纯水的导电能力极弱，在纯水中加入稀硫酸或稀氢氧化钠溶液，导电能力显著增强。接通直流电，插入水中的两电极上就发生水的分解作用。阴极上产生氢气，阳极上放出氧气。此实验可证明水由氢、氧两种元素组成。

知识点

电 解

电解是将电流通过电解质溶液或熔融态物质（又称电解液），在阴极和阳极上引起氧化还原反应的过程。电化学电池在外加电压时就可发生电解过程。电解过程已广泛用应于有色金属冶炼、氯碱和无机盐生产以及有机化学工业。

延伸阅读

水电解器

水电解器是一种由氢气集气管、氧气集气管、进水管、连通管、正电极、负电极、电极塞、塞子构成的电解水的仪器，其特征在于连通管做成背壁底边缘中间处设有进水孔，底部设有2个分别与氢气集气管和氧气集气管同圆心的电极孔与漏斗形进水管和氢气集气管以及氧气集气管连通并连成一体的连通室；正电极做成弹簧状正电极；负电极做成弹簧状负电极；氢气集气管上端设有装上保险开关的保险塞。

■■■ 二氧化硫漂白

新的草帽为什么那样洁白？时间一久，为什么又会变黄？

这些都是由于"漂白"引起的。漂白就是用药品把有色物质的颜色除掉的过程。具有漂白作用的药剂很多，但是实际上能用来漂白花、草、纤维的却比较少。因为除了要求这些药剂价格低廉和使用方便以外，还要求它们在改变色素成为无色（或浅色）的漂白过程中，没有伤害花草等其他成分的作用。

漂白草帽、羊毛、蚕丝等使用得比较普遍的药品，主要是二氧化硫。因为二氧化硫在漂白的时候，不像漂白粉、氯气等漂白剂那样会损害材料的组织。

为什么二氧化硫既有漂白作用，又有不损坏材料的良好性能呢？让我们先来做一个实验。

在一只广口瓶（如盛奶粉用的玻璃瓶）中放 5 克亚硫酸氢钠，并用少量水润湿它。再向瓶中加入 20 毫升稀硫酸（浓度为 10%）。这时，加入的硫酸即与亚硫酸氢钠发生反应，生成二氧化硫。接着，迅速地把一朵预先用水润湿的红花悬挂在瓶内，轻轻盖上盖子，但不要盖得太紧。大约经过一小时光景，红花便完全变成白花了。

如果没有亚硫酸氢钠，可以用亚硫酸钠代替，不过要注意适量地多加一些硫酸，使生成二氧化硫的反应进行完全。二氧化硫是一种有刺激气味的气体，稍有毒性，所以实验最好在室外或通风处进行。

二氧化硫很容易溶于水中成为亚硫酸。亚硫酸具有一种特性，它能和许多种色素化合起来，成为无色或浅色的新物质。但是，它不与花、草、蚕丝中的纤维素以及其他成分发生化学变化。所以，二氧化硫一方面具有漂白作用，同时又不会损害花朵等的组织。但是，二氧化硫与各种色素反应后生成的新物质都是不大稳定的。它们经过长时间的日光曝晒，便又会使颜色复原。白草帽的原料多半是带有黄色的金丝草、麦秆之类，它们都是用二氧化硫来漂白的，所以新的草帽十分洁白，但使用日久以后，却又慢慢变黄了。

让我们正式地认识一下二氧化硫。二氧化硫（SO_2）是最常见的硫氧化物。无色气体，有强烈刺激性气味。大气主要污染物之一。火山爆发时会喷出该气体，在许多工业过程中也会产生二氧化硫。由于煤和石油通常都含有硫化合物，因此燃烧时会生成二氧化硫。当二氧化硫溶于水中，会形成亚硫酸（酸雨的主要成分）。若把 SO_2 进一步氧化，通常在催化剂如二氧化氮的存在下，便会生成硫酸。这就是对使用这些燃料作为能源的环境效果的担心的原因之一。

由于二氧化硫的抗菌性质，它有时用做干杏和其他干果的防腐剂，用来保持水果的外表，并防止腐烂。二氧化硫的存在，可以使水果有一种特殊的化学味道。

另外，二氧化硫是酿酒时非常有用的化合物，它甚至在所谓的"无硫的"酒中也存在，浓度可达每升 10 毫克。它作为抗生素和抗氧化剂，可以防止酒遭到细菌的损坏和氧化。它也帮助把挥发性酸度保持在想要的程度。酒的标签上之所以有"含有亚硫酸盐"等字句，就是因为二氧化硫。根据美国和欧盟的法律，如果酒的 SO_2 浓度低于 10ml/L（百万分比浓度），则不需要标示"含有亚硫酸盐"。酒中允许的 SO_2 浓度的上限在美国为 350ml/L，而在欧盟，红酒为 160ml/L，白酒为 210ml/L。如果 SO_2 的浓度很低，那么便很难探测到，但当浓度大于 50ml/L 时，用鼻子就能闻出 SO_2 的气味，用舌头也能品尝出来。

二氧化硫还是酿酒厂卫生的很重要的要素。酿酒厂和设备必须保持十分清洁，且因为漂白剂不能用于酿酒厂中，二氧化硫、水和柠檬酸的混合物通常用来清洁水管、水槽和其他设备，以保持清洁和没有细菌。

漂 白 剂

漂白剂是通过氧化还原反应漂白物品的一类物质。常用的化学漂白剂通常分为两类：氯漂白剂及氧漂白剂。氯漂白剂含次氯酸钠，而氧漂白剂则含有过氧化氢或一些会释放过氧化物的化合物。漂白剂除可改善食品色泽外，还具有抑菌等多种作用，在食品加工中应用十分广泛。

合成色素的两难选择

许多天然食品具有本身的色泽，这些色泽能促进人的食欲，增加消化液的分泌，因而有利于消化和吸收。但是，天然食品在加工保存过程中容易褪色或变色，为了改善食品的色泽，人们常常在加工食品的过程中添加食用色素，以改善感官性质。现在常用的食品色素包括两类：天然色素与人工合成色素。天然色素来自天然物，主要由植物组织中提取。人工合成色素是指用人工化学合成方法所制得的有机色素，主要是以煤焦油中分离出来的苯胺染料为原料制成的。合成色素与天然色素相比，具有色泽鲜艳、着色力强、性质稳定和价格便宜等优点，因此许多国家在食品加工行业普遍使用合成色素。但科学研究证明，有些合成色素对人体有极大的危害，因此，许多国家（包括我国在内）对在食品中添加合成色素有严格的限制。

长"胡须"的铝

有人说，铝不会生锈。铝真的不会生锈吗？实际上铝比铁活泼得多，它在常温下比铁更容易与水或空气中的氧发生化学变化而生锈。我们常用的铝制品之所以不会像铁那样腐蚀损坏，是因为它的表面早已覆盖上一层氧化铝膜，而这层薄膜是由铝和空气中的氧化合而成的，它紧密而不透气，所以能保护内层的铝不再与氧发生反应。如果把这层氧化铝膜除去了，并设法使新生成的氧化铝不再成为薄膜，那么，我们就可以观察到铝的腐蚀——生锈的情况。

找一小块铝片（或铝丝），用砂皮纸张或小刀刮掉它的表面层（氧化铝薄膜），然后用蘸有硝酸汞溶液（有毒，切勿入口。如果手上沾有溶液，一定要用肥皂彻底洗净）的布块摩擦几下。一两分钟以后，在铝片的表面上便长出了像刷子一样的胡须。这时如果用手摸一下铝片，还会感觉到它的温度显著地升高了。

实验完毕，用肥皂洗净双手。

铝片被砂皮刮去氧化膜以后，它就立即与空气中的氧发生作用，生成一层氧化铝。这层新生成的氧化铝比较薄，而且也不是完全没有孔隙的，用浸透了硝酸汞溶液的布块摩擦它，薄膜就被损坏，那些暴露出来的金属铝立即与硝酸汞发生反应，生成汞和硝酸铝。生成的汞进一步和铝组成铝汞合金。接着，在这层铝汞合金中，位于表面与空气接触的铝首先氧化成为氧化铝。铝汞合金表面上的铝由于氧化作用而消耗了，所以表面含有的铝的数量大大少于合金内部的，以致引起合金内部的铝原子向表面扩散；同样，铝片中的铝原子也向合金方面扩散。这样一来，铝原子便不断通过铝汞合金向合金的表面扩散，并且在表面上与空气中的氧反应，生成氧化铝。不过，因为铝原子的扩散作用，使得后来发生氧化作用所生成的氧化铝，好像结晶那样逐渐长大，而不形成光滑的、均匀的薄膜。所以，氧化铝晶体越来越长，好像长胡须一般。

虽然在理论上说来，这个氧化过程可以不断发生，直到金属铝全部氧化腐蚀完毕为止。但是，实际上由于生成的氧化铝越来越多，铝的扩散速度也越来越慢，氧化反应逐渐变慢，所以时间久了，便好像完全停止一样。

从这个实验可以看出，铝是很容易氧化的金属，它比铁、铜等的氧化要快得多。同时，实验还证明了铝的氧化过程是放热的。人们利用了铝的这些性质，把铝粉混在炸药中提高炸药的爆炸力。此外，在炼钢时也常利用铝去消除钢中的氧化物杂质。在去除杂质的时候（发生铝的氧化），还利用了反应所放出的热来增高钢水的温度，提高钢铸件的质量。

知识点

砂皮纸

砂皮纸是用来对木制品或金属制品、塑料制品等器物表面进行打磨光洁的用品。一般在 A4 大小的牛皮纸或布上胶粘金刚砂而成。以金刚砂粒的粗细而分别标示砂皮纸等级号码，以达到加工精细的所需程度。最细的等级号码是"0号"砂皮纸，一般用于高级器具的表面打磨光洁。

延伸阅读

预防铁生锈要比防止铁生锈扩张容易得多

铁和空气中的氧、水分子反应之后，将氧化生成三氧化二铁，又称为生锈。当铁和溶解在水里的氧化合时就形成了锈。这就意味着如果空气中不含有水蒸汽，或根本不存在水，或者水中没有溶解氧，铁锈就不会形成。当一滴雨水落到一块光亮的铁的表面时，短时间内水滴保持着清洁。然而过了不久以后，铁和水中的氧开始化合，形成氧化铁，即铁锈。水滴将变成微红色，铁锈则悬浮在水中。当水滴蒸发的时候，铁锈留在表面上，形成了微红色的锈层。铁锈一旦形成，即使在干燥的空气中也会扩展。这是因为粗糙的铁锈容易使空气中的水蒸气冷凝下来，它吸收水蒸气并储存它，这就是为什么预防铁生锈要比防止生锈处扩张容易得多的原因。

▮▮▮ 变色玻璃管

1911 年，法国化学家古尔多瓦在一次实验中，发现了一种当时还未被人们认识的新物质。他把硫酸倒入由海藻类所烧成的灰时，竟出现了奇事：只见一种紫红色的蒸气向上飘升，聚成了美丽的云块，同时还闻到一阵和氯气相仿的难忍气味。最后，蒸气遇冷凝固，但并不成为液体，却直接凝结出一堆暗黑色的、有光泽的晶体。当时，古尔多瓦由于业务繁忙，无暇详细地去研究它，过两年后在朋友的帮助下，这种新物质方才得到肯定。原来它就是今天用来制造碘酒的重要原料——碘。

利用碘这种由固体直接变为气体，气体遇冷又直接变为晶体，中间并不经过液态阶段的特性，我们可以做一个有趣的变色管。

找一个打针后弃去的 5 ~ 10 毫升的安瓿（存放针药用的小玻璃管），把它洗净，烘干。然后放进一粒针头大小的碘，再把这小玻璃管封闭。封闭的办法是这样的：用镊子镊住这个小玻璃管，让它在酒精灯上均匀地加热。当小管中充满了紫红色气体并且开始冒出时，立即使灯焰集中在管口处灼烧，把管口的玻璃烧软。同时，拿一根细长的玻璃棒也把它烧软，然后马上让它们接触粘住，用力一拉，抽走玻璃棒。继续灼烧，直至管口封严为止。这样，一支在

安瓿瓶

温水中略微加热会变紫红色、冷到常温时却是无色的变色管便做成了。

单质碘呈紫黑色晶体，密度 4.93 克/立方厘米，相对原子质量 126.9，熔点 113.5℃，沸点 184.35℃。化合价 –1、+1、+3、+5 和 +7。电离能 10.451 电子伏特。具有金属光泽，性脆，易升华。有毒性和腐蚀性。易溶于乙醚、乙醇、氯仿和其他有机溶剂。碘加热时，升华为漂亮的紫色蒸气，这种蒸气有刺激性气味。碘可以和大多数元素形成化合物，但是它不如其他卤素活泼，位于碘之前的卤素可以从碘化物中将碘置换出来。碘溶解在氯仿、四氯化碳、二硫化碳等有机溶剂可形成美丽的紫色溶液。

碘遇热直接变为紫红色的蒸气。当加热使碘变成紫红色蒸气时，由于碘蒸气比空气重，所以让管口朝上，就能把管内的空气驱逐出去。如果在碘蒸气充满整个管子时，把管口封严，管内的空气就非常少，几乎全是碘蒸气了。离开火焰后，温度降低，碘又冷凝成粉末状的固体微粒。因为它很细小，人们的眼睛几乎看不清，因而管中的紫红色就不见了。如果再把

管子加热，碘又化为蒸气，紫红色再次出现。

还有一个小实验，可以证明碘的变色功能。

【实验用品】

玻璃筒或量筒（100毫升或250毫升）、硬纸条、碘粒、淀粉液。

【实验步骤】

（1）在玻璃筒中放入米粒大的一粒碘，放置一分钟后，翻转玻璃筒将碘粒倒掉，碘蒸气的大部分也倒掉了，从外观上看不出玻璃筒有任何有色的迹象。

（2）在一张长的硬纸条上，用玻璃棒画若干个湿润的淀粉圈，竖直插入玻璃筒内。几秒钟后，淀粉圈由下而上逐个变成蓝色。

【实验分析】

本实验灵敏度很高。装过碘粒的玻璃筒，经多次翻倒（但千万不能用嘴吹），肉眼观察不到有任何碘的痕迹。

有机溶剂

溶剂按化学组成分为有机溶剂和无机溶剂。有机溶剂是一类由有机物为介质的溶剂。常温下呈液态，包括多类物质，如链烷烃、烯烃、醇、醛、胺、酯、醚、酮、芳香烃、氢化烃、萜烯烃、含氮化合物及含硫化合物等。有机溶剂多数对人体有一定毒性，存在于涂料、黏合剂、漆和清洁剂中。

碘酒的作用

碘酒是由碘、碘化钾溶解于酒精溶液制成的。碘是一种固体，碘化钾有助于碘在酒精中的溶解。碘酒有强大的杀灭病原体作用，它可以使病原体的蛋白质发生变性，可以杀灭的病原体有细菌、真菌、病毒、阿米巴原虫等，因此，碘酒可用来治疗许多细菌性、真菌性、病毒性等皮肤病。碘酒还可以做饮水消毒剂。500毫升水中加入2%碘酒3滴，15分钟内可杀灭水中的细菌、阿米巴原虫等微生物，而且水还没有不良气味。

结晶枝状盐花

在炎热的夏天，为什么汗出多了，衣服上就可能出现盐花？盛滴滴涕的铁罐为什么外面总带有白霜？像这类问题，如果动手做做下面的实验，就可能得到启发，从而获得正确的解答。

取2～3毫升酒精，放至小烧杯里，外面用热水温热片刻，然后将事先研碎的樟脑丸粉末渐渐加入，直到粉末不再溶解为止。这个溶液就叫樟脑丸的"饱和溶液"（其中樟脑是溶质，酒精是溶剂）。然后把这个溶液倒在一块玻璃板或光滑的木板上，不久，玻璃板上就出现枝干参差的白色树状图案。

经验告诉我们：温度越高，物质的溶解量一般也越大。因为樟脑在酒精里的溶解量是随着温度的升高而增加，也随着温度的降低而减少的。因此在热的酒精里，樟脑很容易溶解，并且很快达到饱和。当溶液倒在玻璃板上的时候，温度骤然降低了，樟脑在酒精中的溶解量也随着降低，所以过多的樟脑就成白色晶体析出。同时

盐 花

酒精的挥发性较大，不久就全部化为蒸气散失。溶剂减少了，樟脑就更加快地结晶出来。

至于为什么会出现参差的树枝状，主要是因为溶液在玻璃板上结晶，首先是在某些点上开始的，以后陆续析出的晶体，都是长在已经析出的晶体上。晶体越是突出的部分，与浴液接触的机会也越多，长得就越快。所以晶体的析出，不是向四面平均发展，而是一条一条的，和树枝差不多。

衣服上出现盐花和盛滴滴涕的铁罐外出现白霜的原因，也是由于溶剂蒸发了，使溶质析出所引起的。

知识点

溶质、溶剂

溶质指溶液中被溶剂溶解的物质。溶质分散其中的介质称为溶剂。溶质可以是固体（如溶于水中的糖和盐等）、液体（如溶于水中的酒精等）或气体（如溶于水中的氯化氢气体等）。在溶液中，溶质和溶剂只是一组相对的概念。一般来说，相对较多的那种物质称为溶剂，而相对较少的物质称为溶质。

延伸阅读

蒸发结晶

利用溶剂蒸发而引起结晶这一原理的实例很多。我们日常生活中不可少的食盐，绝大部分就是用蒸发结晶的方法从海水里获得的：首先把海水引到盐田里，然后利用日晒和风吹使海水蒸发，最后便析出了晶体状态的食盐。化学实验室内所用的固体药品，以及其他许许多多的固体医药品，大部分也是用蒸发和冷却的办法，从溶液里获得的。

▮▮▮ 1＋1 不等于 2

1＋1＝2，从数学上来讲，这恐怕谁也不会表示怀疑，但是，在生活中却居然有不等的事情。

在一支干净的试管里，注入 5 毫升体积的水，再使试管稍稍倾斜，沿着试管壁慢慢地加入与水相同体积的纯酒精（可以用酒精灯里的酒精进行实验，但不能用消毒用的酒精，因为那种酒精已经掺过水）。把试管放直，用毛笔在试管外壁液面的高度处，画一条墨线做记号。然后振荡试管，使酒精和水充分混和。那你再看一看墨线所做的记号，便会发现液体的体积缩小了。

如果用汽油代替水，进行上述实验，情况将是如何呢？你就会发现酒精和汽油混和，它们的体积反而变大了。

为什么两种互溶的液体混和以后，它们的体积会发生变化呢？

水、酒精、醋酸以及许多种物质，在液体状态时，由于它们的分子之间的引力作用，使其中一部分分子三两成群地结合成比较大的缔合分子。如果把甲、乙两种液体混和，就可能发生两方面的变化：一方面由于甲、乙两种分子互相接触，它们之间的引力使甲种分子与甲种分子之间原来所具有的引力减小了（同样也使乙种分子之间的引力减小）。这样一来，缔合分子便解离成单个分子（或者缔合的程度变小），结果使液体的体积增大了。这个过程和把泥块打碎，泥土变松，体积便会变大的现象十分相似。另一方面，甲、乙两种分子之间的引力也可能使甲、乙两种分子缔合成新的、较大的缔合分子，结果，液体的体积变小了。这又和松疏的泥土遇水结成块，体积变小的道理差不多。

当然，也有混和前后体积不变的情况。如相同体积的汽油和煤油、苯和甲苯混和时就是如此。

那么，把两种液体混和起来，体积是变小、变大或者不变，就得看上面两种因素中哪一种占优势来决定了。以酒精和水混和的例子来说，酒精分子和水分子结成缔合分子的倾向比较大，所以后一种因素起了决定性作用，体积就缩小了。而酒精和汽油之间的分子不容易缔合，所以前一种因素是决定性的，体积就变大了。

两种液体混和后，体积发生变化并不违背质量守恒定律。因为质量守恒定律说的是质量，而不是体积。

还是来试一下液体互溶时体积的变化这个实验吧。

【实验用品】

一端封闭的玻璃管（0.5 厘米 ×90 厘米）、量筒、滴管、橡皮筋、橡皮塞、无水乙醇、冰醋酸、苯、乙酸乙酯、二硫化碳。

【实验步骤】

（1）向长玻璃管中注入 9 毫升水，再慢慢注入 9 毫升乙醇，把橡皮筋固定在管中液体凹面处，管口塞上橡皮塞，反复倒转玻璃管，使乙醇与水充分混合，然后竖起玻璃管，可观察到溶液液面低于橡皮筋标记位置。

（2）另取一支玻璃管，向其中注入二硫化碳 9 毫升，再慢慢注入乙酸乙酯 9 毫升，按同样操作方法，可观察到溶液液面高出橡皮筋标记位置。

【实验分析】

乙醇与水混和后分子间距离缩小，所以溶液体积小于混和前单独两组分液体体积之和。二硫化碳与乙酸乙酯混和后分子间距离增大，所以，溶液体积大于混和前单独两组分液体体积之和。

实验中要注意：

向长玻璃管中注入液体时，应用滴管沿管壁（滴管不能堵住管口）缓慢注入，以使管中空气顺利排出，液柱间不存留气泡。加入液体的次序，应先注入密度大的液体再注入密度小的液体。

操作（2）中也可改用萘和冰醋酸，这两种液体混和后体积也增大。但它们不是完全互溶，只能部分互溶，静置后仍分成两层，而乙酸乙酯与二硫化碳是完全互溶，混和后不再分层。由于冰醋酸有强烈腐蚀性，二硫化碳易燃，实验时要注意安全。

缔合分子

由同种分子结合成较复杂的分子，但又不引起其化学性质的改变，这种现象叫做分子缔合。这种通过分子缔合而形成的分子叫缔合分子。

乙酸乙酯使酒更醇香

乙酸乙酯是一种香料原料，用于菠萝、香蕉、草莓等水果香精和威士忌、奶油等香料的配制原料。陈酒之所以口感很好，就是因为酒中含有乙酸乙酯。因为酒中含有少量乙酸，乙酸和乙醇进行反应生成乙酸乙酯。因为这是个可逆反应，所以要具有长时间，才会积累起导致陈酒香气的乙酸乙酯。

制作无色印泥

和印章并用的印泥，一般都是红颜色的。这里介绍一种无色的印泥，它盖在纸上却会出现颜色。

先把氯化铁溶液（浓度约为10%）均匀地涂在一张白纸上，让它干燥。在这张纸上几乎不染有什么颜色。

取一个空的清凉油盒，洗涤干净。再把一张吸水纸折叠4～5层，放在盒中。然后注入少许水杨酸钠或水杨酸溶液（浓度约为10%），直到吸水纸湿透时为止（水杨酸和酚酞一样很难溶在水里，在配制溶液时，必须先用酒精来溶解，然后用水稀释）。这样，没有颜色的印泥就制成了。

印　泥

把图章揩净，在无色的印泥里按一下，然后在那张事先准备好的纸上盖印。这时，奇怪的现象出现了，无色的图章盖在无色的纸上，竟会马上出现紫色的字迹来。如果在白纸上改涂氢氧化钠溶液（浓度约10%），印泥盒中的吸水纸也改用酚酞溶液（浓度约为0.1%）来润湿，所制得的纸张和印泥同样是无色的，但盖得的印却是红色的。

这些由两种无色的物质相互作用，生成了有色的物质的现象，是常常可以遇到的。

因为氯化铁溶液和水杨酸钠（或水杨酸）溶液相遇后，立即发生反应，生成了紫色的水杨酸铁，所以盖印后就马上在纸上出现紫色。这个变色反应是水杨酸钠和水杨酸所具有的特殊性质，因而成为检验它们是否存在的有效方法。

酚酞遇碱会呈现出红色，它是检验物质的碱性所常用的试剂。用酚酞溶液湿润过的图章在涂有氢氧化钠溶液的纸上盖印，纸上就留下红色的字迹了。

知识点

水杨酸钠

水杨酸钠由水杨酸用碱中和结晶而得，为白色鳞片或粉末，无气味，久露光线中变粉红色。溶于水、甘油，不溶于醚、氯仿、苯等有机溶剂。遇火可燃，其粉体与空气可形成爆炸性混合物，当达到一定浓度时，遇火星会发生爆炸。主要用于止痛药和风湿药，也用于有机合成。

延伸阅读

印泥的产生与发展

印泥是我国特有的文房之宝，史料记载，印泥的发展已有2 000多年的历史，早在春秋秦汉时期就已使用印泥，那时的印泥是用黏土制的，临用时用水浸湿，当时称封泥。到了隋唐以后，又改用水调和朱砂于印面，印在纸上，到了元代，开始用油调和朱砂，之后便渐发展成现代的印泥。

▌▌ 制取人造冰

酷热的夏天，能进行一些制冷的实验，大家一定很有兴趣。

这里向大家介绍两种获得冰水或冰的方法。

取一只小烧杯，四周包有毛巾或泡沫塑料（用以保温）。杯内盛水50克，然后加入50克硝酸铵，用玻璃棒搅拌使之溶解，你可以发现，这个溶解过程使溶液的温度明显下降。如果用温度计进行测量，温度大约下降23℃～27℃（温度下降的幅度决定于环境向溶液传热的情况。如果环境完全不向溶液传热，温度可下降33℃）。如果做实验的水的温度是20℃，硝酸铵溶解后其温度约可下降到－5℃。若用这个溶液做冷冻剂，可使盛在金属管中25克的清水从20℃下降到0℃，或可使5克水从20℃凝固成0℃的冰。实验中所用的金属管，可用日光灯上的继电器铝壳。把盛水的铝壳，用图钉固定在木条上，木条则固定在木板上，木板盖在烧杯上。

硝酸铵溶解在水中时，为什么会使溶液的温度下降？这是因为在硝酸铵晶体的分子均匀地分散到水的过程中，硝酸铵分子的运动速度加快了，而分子运动加速所需的能量，主要是依靠吸取周围的热量。在这个实验里，硝酸铵就从水中获取能量，从而使溶液的温度下降了。

硝酸铵

应该指出：并不是所有固体物质的溶解都是降低温度的，氢氧化钠溶于水就是使溶液温度升高的例子。固体物质的溶解过程是复杂的。虽然固体物质溶解水时是吸热的，它能使溶液温度降低；但在溶解时，溶质分子会与水发生水合作用，这却是放热的，会使溶液温度升高。因此，固体物质溶解于水时，究竟是把溶液温度升高还是降低，这就看这两方面作用的净剩结果如何了。上面实验的例子是以吸热过程为主的，溶液温度降低了；而像氢氧化钠之类的溶解，是以放热过程为主的，所以溶液的温度显著地增高了。

利用某些物质溶解时吸热来获得低温的方法，在经济上是不合理的，这是因为硝酸铵价格较高，而且再从溶液回收硝酸铵时，消耗的能量甚多，故这种方法除了应用于理论研究外，在实际生产上是没有多大价值的。

在实验室中，常用的是另一种比较经济而且有效的方法。

把冰敲成碎块，放在一个大碗里，然后向碗内加入大量的盐，并略加搅拌。这时一部分冰便融化成水，如果用温度计测量，就可知道盐水的温度比冰还要低。如把盛有清水的小铁罐插在盐水中，并用毛巾或几层纱布覆盖，过不多久铁罐里的水就全部凝结成冰。

用冰和食盐混合来获得低温的原理，与硝酸铵溶于水获得低温的原理完全不同。冰和食盐混合物降温的过程是从盐溶解于水开始的。对于冰来说，水的浓度（100%）高于盐水中水的浓度。浓度的差别迫使水从冰向盐水转移。而这种转移只有通过冰的融化才能实现，而冰的融化是要向周围吸热的，这就导致了盐水温度的下降。盐放得多些，冰融化得也多些，获得的温度也越低。

除了食盐外，其他许多物质，如结晶硫酸钠、氯化钙等都能与冰混合来获得低温。只是食盐价格比较低廉，应用较广。但由于食盐的溶解度较小，温度最低只能降到零下 22.4℃。如果要获得更低的温度，可用其他盐类（溶解度大，产生离子数多的盐类）。例如氯化钙和冰的混和物，可获得零下 55℃ 的低温。

这些物质通过与冰混合来获得低温，其实只是为了获得冰在溶解过程中释放出来的热量。

在自然界，溶解和结晶是两个相对的概念。溶解过程要吸收大量的热，因此可以使周围的温度降低；结晶则需要释放大量的能量，所以，结晶过程中周围的温度会升高。

在实验室，我们可以利用物质溶解和结晶过程不同的热效应，来制作化学冰袋和化学暖袋。

【实验用品】

小塑料袋、大塑料袋、小泡沫塑料块、大头针、硝酸铵晶体、无水氯化钙。

【实验步骤】

此是化学冰袋制取实验步骤：
（1）在一完好的不漏水的小塑料袋里盛放 10 毫升的清水，用烙铁封口（或用细线扎紧袋口），保证不漏水。
（2）另取一质量较好、透明的塑料袋，称取 10 克干燥的硝酸铵晶体放入塑料袋内。
（3）将一根针尖戳在小块泡沫塑料袋上（不要露出针尖）的大头针和盛水的小塑料袋一起放入大袋里，作为内袋。封死大袋口，确保不漏水。

【实验分析】

实验时，先观察袋内的药品，用手接触塑料袋，感到塑料袋的温度为室温。然后看清塑料袋里盛放的大头针，拔出针尖，刺穿内袋，使水从内袋流出与外袋的硝酸铵混合。这时塑料袋的温度急剧下降，可降到零下几度，会感到塑料袋变得冰冷。

【实验步骤】

在制取化学暖袋时，第一步在质量较好的不漏水的小塑料袋里放 17 毫升的清水，封紧袋口，保证不漏水。在另一透明、质量较好的大一些塑料袋里盛放22克无水氯化钙。然后将盛水的小塑料袋放入氯化钙里，作为内袋；再把一根大头针（针尖戳在塑料泡沫块上）也放入袋内。最后将大塑料袋封口，确保不漏水。这就是化学暖袋。

实验时，用袋内的大头针将内袋刺破，氯化钙和水接触，溶于水，放出热量。氯化钙溶于水放热为19.82千卡/摩尔（或178卡/克），塑料袋的温度很快升高，炙热烫手。

【实验分析】

（1）因为硝酸铵溶于水是一个吸热过程，吸热为6.26千卡/摩尔（或约78卡/克）。硝酸铵溶于水时吸收了大最的热量，使温度降低，起到降温制冷的作用。

（2）氯化钙溶于水是个放热过程，放热量为19.82千卡/摩尔（或178卡/克），所以塑料袋很快升温。

化学冰袋还可用硝酸铵和碳酸钠晶体组成。在一只完好的塑料袋内盛放19克的硝酸铵晶体，在另一较好的塑料袋内盛放25克的纯碱即碳酸钠晶体。使用时，将两袋内的固体药品转入一个袋内，封紧袋口。两种药品混合，发生了吸热反应，使温度降低。

化学暖袋还可用下列方法制成：在内袋里盛放约17克的硫代硫酸钠所形成的过饱和溶液，加入少许乙二醇（作为稳定剂，避免过饱和溶液在贮存期间的冻结）。外袋盛放约8克的硫代硫酸钠晶体。实验时，使劲挤压内袋，使内袋破裂，过饱和的硫代硫酸钠溶液与晶体接触，过饱和溶液便迅速结晶，放出热量。

知识点

泡沫塑料

泡沫塑料也叫多孔塑料，由大量气体微孔分散于固体塑料中而形成的一类高分子材料，具有质轻、隔热、吸音、减震等特性。泡沫塑料用途很广，广泛用做绝热、隔音、包装材料及制车船壳体等。泡沫塑料来源很广，几乎各种塑料均可做成泡沫塑料。

延伸阅读

水是怎样结成冰的

水在冻结的过程中，分子间存在两种相反的作用力：一种是分子聚合力，促使结晶的形成，另一种是分子热运动力，阻碍结晶的形成。水要冻结成冰，必须克服后一种作用力。因此，在水的冻结过程中，要设法将水的热量移走，使其温度降低而减弱分子热运动力。当水与低于0℃的冷媒体（如空气、冰桶等）接触时，冷媒体将处于接触界面的一层水的热量取走，使该层水首先冻结。首先冻结的薄冰层又成为热的传导体，将未冻结的水的热量不断地传给冷媒体。这样使水一层一层地冻结，冻结的冰量越来越大，冰层越来越厚，直到水全部冻结或某一冰水界面处的温度维持在0℃时冻结过程终止。

制作晴雨表、变色温度计

对天气的晴雨，有生活经验的人，常能通过观察某些小昆虫的活动情况来预测。例如看到蜻蜓飞得很低，蚂蚁成群结队地爬出洞来，就知道天不久将要下雨了。但是这些小昆虫有时不一定能见到。现在我们可以用另一种简单的方法，来试做一个晴雨表。

把一张白纸条放在二氯化钴的饱和溶液里浸透，等到纸条干燥后，就成了一个简单的晴雨表。把它贴在墙上。如果纸上现出了淡红色，就知道不久要下雨了；如果出现蓝色，则是晴天的预兆。

含有结晶水的二氯化钴或二氯化钴水溶液是红色的，而无水的二氯化钴呈蓝色。所以，红色的二氯化钴的水分蒸发后，就会渐渐变成蓝色；把变成蓝色的二氯化钴放在潮湿的空气中，它吸收了空气中的水分，又会恢复红色。大家都知道，天将下雨的时候，空气中的水分比较多，而晴天的空气却是比较干燥的。所以，二氯化钴颜色的变化，就反映了空气中这种干湿的情况。上面所介绍的简易晴雨表，就是利用了它的这种特性做成的。

如果用二氯化钴饱和溶液在白布或者纸上画一幅图画，那么，它将受到空气中水分多少的影响而变色。从这幅图画的颜色来预测天气的晴雨，就更有趣味了。

在天平室里，我们常常会看到在精密天平的玻璃橱内放一小杯紫色块状物，这是干什么用的呢？

原来，杯子里装的就是含二氯化钴的硅胶。硅胶本是无色的，它有很强的吸水能力。硅胶放在天平橱里可以吸去橱内的水蒸气，防止天平受潮锈蚀。经过一段时期后，由于硅胶吸收了多量的水，硅胶内蓝色的无水二氯化钴就转化成红色的含结晶水的二氯化钴。这就表明硅胶的吸水能力已经很弱了。这时应该把红色硅胶放至烘箱内，在约110℃的温度下将水分蒸发掉。当红色硅胶重新变成蓝色后，这说明它的吸水能力已经恢复，可以放回天平橱内重新使用。

二氯化钴的用途是比较多的，日常生活中人们能感觉到的用途是利用其结合水分子数不同颜色变化以及通过加热可以失水的热致变色的性质，比如用于制气压计、比重计、隐显墨水等；氯化钴试纸在干燥时是蓝色，潮湿时转变为粉红色；硅胶中加一定量的氯化钴，可指示硅胶的吸湿程度，常用于干燥存储器中。

二氯化钴不仅是做晴雨表的化学原料，还可以用来做温度计。

原料蓝色的无水二氯化钴与水结合可以生成红色的六水二氯化钴和一定的热量；反之，红色的六水二氯化钴也可以在加热或干燥的条件下，失去结合的水成为蓝色的无水二氯化钴。

其实颜色的变化不仅决定于水分的多少，还决定于温度的高低。如果温度是固定的，水分越多，无水二氯化钴越易与水结合生成红色的六水二氯化钴；反之，水分越少，越易生成蓝色的无水二氯化钴。如果水分是固定的，温度越高，分子运动越剧烈，红色的六水二氯化钴越易分解成蓝色的无水二氯化钴；反之，温度越低，则越易生成红色的六水二氯化钴。简易晴雨表是根据大气的相对湿度（包括温度和含水量两个因素）的变化，通过二氯化钴的颜色变化来判断晴雨的，而变色温度计则是在含水量固定的条件下，通过二氯化钴颜色的变化来判断温度的高低。

变色温度计的制法也很简单，具体如下：取一粒赤豆大小的红色的二氯化钴晶体，溶解在半管浓度为96%的酒精中，因为酒精与水结合的能力比二氯化钴强，所以六水二氯化钴失去结合的水而成蓝色。如把溶液加热，并保持在30℃，然后慢慢滴加清水，边滴边振荡混和，直到溶液的含水量刚好使二氯化钴变成红色为止。将这样的溶液继续加热，颜色又慢慢变紫、变蓝。颜色从完全红变到完全蓝，温度大概需提高20余摄氏度（即从30℃加热到50℃）。若把不同温度下溶液的颜色一一对应地标定下来，每

5℃描一种颜色，然后用塞子塞紧试管口，用蜡密封，使溶液的含水量固定不变。一支量程为30℃～50℃的变色温度计就算制成了。

有趣的是，变色温度计的量程可以根据实验者的需要来选择。如果要制一支量程温度较高的变色温度计（例如50℃～70℃），只要按前面的方法，把二氯化钴的酒精溶液加热并保持在50℃，然后滴加清水，直到溶液完全变成红色为止（在50℃变色时所需的加水量，比在30℃变色时所需的加水量要多一些），然后继续加热，把从50℃到70℃的颜色变化标定下来，封口，这就成了量程为50℃～70℃的变色温度计。

变色温度计可以让人在比较远的距离就看到温度的变化。如果一种仪器或设备的环境温度不许越过40℃，那么把一支量程为30℃～50℃的变色温度计放在仪器或设备旁，在远处也就可以根据标定的溶液颜色的变化来监视温度了。

知识点

硅胶

硅胶是一种高活性吸附材料，属非晶态物质，不溶于水和任何溶剂，无毒无味，化学性质稳定，除强碱、氢氟酸外不与任何物质发生反应。各种型号的硅胶因其制造方法不同而形成不同的微孔结构。硅胶的化学组分和物理结构，决定了它具有许多其他同类材料难以取代得特点：吸附性能高、热稳定性好、化学性质稳定、有较高的机械强度等。

延伸阅读

二氯化钴对健康的损害

二氯化钴是粉红色至红色结晶，具微解潮性。吸入该品粉尘对呼吸道有刺激性，长期吸入可引起严重肺疾患。对敏感个体，吸入该品粉尘可致肺部阻塞性病变，出现气短等症状。对眼有刺激性，长期接触可致眼损害。对皮肤有致敏性，可致皮炎。如摄入，引起恶心、呕吐、腹泻；大量摄入引起急性中毒，引起血液、甲状腺和胰脏损害。

化学实验用品

实验离不开实验用具，一般来说，实验不同，相应所需要的实验用具也就不一样，实验和实验用具是相对应的。要想一个化学实验取得应有的效果，实验用具的准确选取和适当应用是十分关键的，如果实验用具选取不当或者应用有差错，就可能导致"差之毫厘谬以千里"的实验结果。

试 管

【概述】

试管分普通试管、具支试管、离心试管等多种。

普通试管的规格以外径（毫米）×长度（毫米）表示，如 15×150、18×180、25×200 等。离心试管以容量毫升数表示。

主要用途有：

（1）盛取液体或固体试剂。

（2）加热少量固体或液体。

（3）制取少量气体的反应器。

（4）收集少量气体用。

（5）溶解少量气体、液体或固体的溶质。

【注意事项】

（1）盛取液体时容积不超过其容积的1/3。

（2）用滴管往试管内滴加液体时不能伸入试管口。

（3）取块状固体放入试管要用镊子，不能将固体直接坠入试管中，防止试管底破裂。

（4）加热使用试管夹，试管口不能对着人。加热盛有固体的试管时，管口稍向下，加热液体时倾斜约45°。

（5）受热要均匀，以免暴沸或试管炸裂。

（6）加热后不能骤冷，防止破裂。

（7）加热时要预热，防止试管骤热而爆裂。

（8）加热时要保持试管外壁没有水珠，防止受热不均匀而爆裂。

知识点

固体试剂的取用方法

固体试剂需用清洁干燥的药匙取用。药匙的两端为大小两个匙，取大量固体时用大匙，取少量固体时用小匙。取用的固体要放入小试管时，必须用小匙。

延伸阅读

普通试管能承受的温度

普通试管是玻璃制作的。普通玻璃是由纯碱、石灰石、石英和长石为主要原料，混合后在玻璃窑里熔融、澄清、匀化后加工成形，再经退火处理而得玻璃制品。玻璃没有一定的熔点和凝固点，普通的酒精灯就足以使它软化，玻璃的熔化温度大约为600℃，因此，试管能承受的最大温度也大约是600℃。

烧 杯

【概述】

烧杯是一种常见的实验室玻璃器皿，通常由玻璃、塑料或者耐热玻璃制成。烧杯呈圆柱形，顶部的一侧开有一个槽口，便于倾倒液体。有些烧杯外壁还标有刻度，可以粗略地估计烧杯中液体的体积。

常见的烧杯的规格有：10 毫升，15 毫升，25 毫升，50 毫升，100 毫升，250 毫升，400 毫升，500 毫升，600 毫升，1 000 毫升，2 000 毫升。

烧 杯

烧杯经常用来配制溶液和作为较大量的试剂的反应容器。在操作时，经常会用玻璃棒或者磁力搅拌器来进行搅拌。

烧杯因其口径上下一致，取用液体非常方便，是做简单化学反应最常用的反应容器。烧杯外壁有刻度时，可估计其内的溶液体积。有的烧杯在外壁上亦会有一小区块呈白色或是毛边化，在此区内可以用铅笔写字描述所盛物的名称。若烧杯上没有此区时，则可将所盛物的名称写在标签纸上，再贴于烧杯外壁作为标识之用。反应物需要搅拌时，通常以玻璃棒搅拌。当溶液需要移到其他容器内时，可以将杯口朝向有突出缺口的一侧倾斜，即可顺利地将溶液倒出。若要防止溶液沿着杯壁外侧流下，可用一根玻璃棒轻触杯口，则附在杯口的溶液即可顺利地沿玻棒流下。

【注意事项】

（1）给烧杯加热时要垫上石棉网，以均匀供热。不能用火焰直接加热烧杯，因为烧杯底面大，用火焰直接加热，只可烧到局部，使玻璃受热不匀而引起炸裂。加热时，烧杯外壁须擦干。

（2）用于溶解时，液体的量以不超过烧杯容积的 1/3 为宜。并用玻璃棒不断轻轻搅拌。溶解或稀释过程中，用玻璃棒搅拌时，不要触及杯底或杯壁。

（3）盛液体加热时，不要超过烧杯容积的 2/3，一般以烧杯容积的 1/2

为宜。

（4）加热腐蚀性药品时，可将一表面皿盖在烧杯口上，以免液体溅出。

（5）可用烧杯长期盛放化学药品，以免落入尘土和使溶液中的水分蒸发。

（6）不能用烧杯量取液体。

 知识点

耐热玻璃

耐热玻璃是指含有耐热性强的硼酸、硅酸成分，能够承受急剧温差变化的玻璃。耐热玻璃具有低膨胀、抗热震、耐高温、耐腐蚀、强度高等一系列优良性能。耐热玻璃热膨胀系数小，耐热最高达400℃，多用于器皿、奶瓶、实验用烧杯等。

 延伸阅读

焖烧杯

焖烧杯是把食物（特别是汤类）放入杯中，注入滚烫的开水，然后盖起来焖半天左右时间，借助杯子保温的功能，使得食物在近似于开水的温度中焖熟。是一种方便、经济的烹饪器具。

▌▌ 锥形瓶

【概述】

锥形瓶是硬质玻璃制成的纵剖面呈三角形状的滴定反应器。口小、底大，有利于滴定过程进行振荡时，反应充分而液体不易溅出。该容器可以在水溶或电炉上加热。

锥形瓶一般皆使用于滴定实验中。为了防止滴定液下滴时会溅出瓶外，造成实验的误差，再将瓶子放在磁搅拌器上搅拌。也可以用手握住瓶颈以

手腕晃动，即可顺利地搅拌均匀。锥瓶亦可用于普通实验中，制取气体或作为反应容器。其锥形结构相对稳定，不会倾倒。

锥形瓶的常见规格：5毫升至2升。

锥形瓶

【注意事项】

（1）注入的液体最好不超过其容积的1/2，过多容易造成喷溅。

（2）加热时使用石棉网（电炉加热除外）。

（3）烧杯外部要擦干后再加热。

知识点

滴　定

滴定是一种化学实验操作，也是一种定量分析的手段。它通过两种溶液的定量反应来确定某种溶质的含量。根据反应类型的不同，滴定分为酸碱中和滴定、氧化还原滴定、沉淀滴定和络合滴定。

延伸阅读

硬质玻璃、石英玻璃、软质玻璃

软质玻璃即普通玻璃。普通玻璃含有可溶性硅酸盐，化学抗腐力差，有较强的吸附力，热膨胀系数大，温度突变易破裂。因此普通玻璃制成的器皿一般只做稀释酸碱溶液、滴定用。

硬质玻璃含可溶性杂质较少，热膨胀系数小，便于加热处理。硬质玻璃器皿宜做一般化学常量元素分析用。

石英玻璃主要成分是二氧化硅，化学抗蚀力强，热膨胀系数极小，熔点高，因价格昂贵，石英器皿一般微量元素分析用。

烧 瓶

【概述】

烧瓶通常具有圆肚细颈的外观，与烧杯明显不同。它的窄口是用来防止溶液溅出或是减少溶液的蒸发，并可配合橡皮塞的使用，来连接其他的玻璃器材。当溶液需要长时间的反应或是加热回流时，一般都会选择使用烧瓶作为容器。烧瓶的开口没有像烧杯般的突出缺口，倾倒溶液时更易沿外壁流下，所以通常都会用

烧 瓶

玻璃棒轻触瓶口以防止溶液沿外壁流下。烧瓶因瓶口很窄，不适用玻璃棒搅拌，若需要搅拌时，可以手握瓶口微转手腕即可顺利搅拌均匀。若加热回流时，则可于瓶内放入磁搅拌器，以加热搅拌器加以搅拌。烧瓶随着其外观的不同可分平底烧瓶和圆底烧瓶两种。通常平底烧瓶用在室温下的反应，而圆底烧瓶则用在较高温的反应。这是因为圆底烧瓶的玻璃厚薄较均匀，可承受较大的温度变化。烧瓶的规格较为宽泛，从几毫升到几千毫升均有。

【注意事项】

(1) 应放在石棉网上加热，使其受热均匀；加热时，烧瓶外壁应无水滴。

(2) 平底烧瓶不能长时间用来加热。

(3) 不加热时，若用平底烧瓶做反应容器，无需用铁架台固定。

(4) 注入的液体不超过其容积的2/3。

(5) 加热时使用石棉网，使均匀受热。

(6) 蒸馏或分馏要与胶塞、导管、冷凝器等配套使用。

知识点

蒸　馏

　　蒸馏是一种热力学的分离工艺，它利用混合液体或液－固体系中各组分沸点不同，使低沸点组分蒸发，再冷凝以分离整个组分的单元操作过程。蒸馏常与其他的分离手段，如萃取相比，它的优点在于不需使用系统组分以外的其他溶剂，从而保证不会引入新的杂质。

延伸阅读

自制烧瓶

　　在酒精灯上转动加热废灯泡的金属螺帽，当黏合物熔化松软时，用钳子取下金属螺帽，用镊子将灯泡内的抽气管折断，放进空气；然后在酒精灯上将灯口处烧至红热，用缠绕了棉纱蘸过水的金属丝水平绕一圈，灯口处随即出现裂纹，待冷却后用布包住轻轻一掰，灯口连同灯丝柱就与灯泡分开了。在喷灯上把灯泡切割的断面烧圆、口径烧圆并扩大一点儿即成了。

▌▌▌漏　斗

【概述】

　　漏斗是过滤实验中不可缺少的仪器。过滤时，漏斗中要装入滤纸。滤纸有许多种，根据过滤的不同要求可选用不同的滤纸。自然教学可使用普通性滤纸。

　　漏斗的种类很多，常用的有普通漏斗、热水漏斗、高压漏斗、分液漏斗和安全漏斗等。

　　按口径的大小和口径的长短，可分成不同的型号。

【使用方法】

（1）将过滤纸对折，连续两次，叠成90°圆心角形状。

（2）把叠好的滤纸，按一侧三层，另一侧一层打开，成漏斗状。

（3）把漏斗状滤纸装入漏斗内，滤纸边要低于漏斗边，向漏斗口内倒一些清水，使浸湿的滤纸与漏斗内壁贴靠，再把余下的清水倒掉，待用。

（4）将装好滤纸的漏斗安放在过滤用的漏斗架上（如铁架台的圆环上），在漏斗颈下放接纳过滤液的烧杯或试管，并使漏斗颈尖端靠于接纳容器的壁上。

（5）向漏斗里注入需要过滤的液体时，右手持盛液烧杯，左手持玻璃棒，玻璃棒下端靠紧漏斗三层纸一面上，使杯口紧贴玻璃棒，待滤液体沿杯口流出，再沿玻璃棒倾斜之势，顺势流入漏斗内，流到漏斗里的液体，液面不能超过漏斗中滤纸的高度。

（6）当液体经过滤纸，沿漏斗颈流下时，要检查一下液体是否沿杯壁顺流而下，注到杯底。否则应该移动烧杯或旋转漏斗，使漏斗尖端与烧杯壁贴牢，就可以使液体顺杯壁下流了。

【注意事项】

（1）过滤时，漏斗应放在漏斗架上，其漏斗柄下端要紧贴承接容器内壁，滤纸应紧贴漏斗内壁，滤纸边缘应低于漏斗边缘约5毫米，事先用蒸馏水润湿使不残留气泡。

（2）倾入分离物时，要沿玻璃棒引流入漏斗，玻璃棒与滤纸三层处紧贴。分离物的液面要低于滤纸边缘。

（3）漏斗内的沉淀物不得超过滤纸高度，便于过滤后洗涤沉淀。

（4）漏斗不能直火加热。若需趁热过滤时，应将漏斗置于金属加热夹套中进行。若无金属夹套时，可事先把漏斗用热水浸泡预热方可使用。

知识点

安全漏斗

安全漏斗即长颈漏斗，是漏斗的一种，主要用于固体和液体在锥形瓶中反应时添加液体药品，一般还可以用分液漏斗替代。在使用时，注意漏斗的底部要在液面以下，这是为了防止生成的气体从长颈漏斗口溢出，起到液封的作用。做实验，制取二氧化碳和氧气等实验时会用到长颈漏斗。

延伸阅读

简单漏斗自制

准备一个细口瓶和有塞直导管以及一个砂轮。切割细口瓶上半部，用砂轮打磨切割断面。在瓶口配上带导管的塞子，一只能向细口容器里装灌液体的漏斗就制成了。

冷凝管

【概述】

冷凝管是利用热交换原理使冷凝性气体冷却凝结为液体的一种玻璃仪器。规格有直形、球形、蛇形和刺形等。

冷凝管由内外组合的玻璃管构成，在其外管的上下两侧分别有连接管接头，用做进水口和出水口。冷凝管在使用时应将靠下端的连接口以塑胶管接上水龙头，当做进水口。因为进水口处的水温较低而被蒸气加热过后的水，温度较高；较热的水因密度降低会自动往上流，有助于冷却水的循环。冷凝管通常使用于欲在回流状况下做实验的烧瓶上或是欲搜集冷凝后的液体时的蒸馏瓶上。蒸气的冷凝发生在内管的内壁上。内外管所围出的空间则为行水区，有吸收蒸气热量并将这热量移走的功用。进水口处通常有较高的水压，为了防止水管脱落，塑胶管上应以管束绑紧。当在

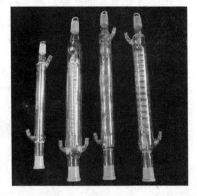

蛇形冷凝管

回流状态下使用时，冷凝管的下端玻璃管要插入一个橡皮塞，以便能塞入烧瓶口中，承接烧瓶内往上蒸发的蒸气。

【注意事项】

有易挥发的液体反应物时，为了避免反应物损耗和充分利用原料，要在发生装置设计冷凝回流装置，使该物质通过冷凝后由气态恢复为液态，从而回流并收集。实验室可通过在发生装置安装长玻璃管或冷凝回流管等实现。

知识点

> ### 发生装置
>
> 　　化学实验中用来进行化学反应的装置叫做发生装置，包括有气体发生装置、固体发生装置、液体发生装置。启普发生器就是一种气体发生装置。

延伸阅读

球形冷凝管与直形冷凝管的使用

球形冷凝管的内管为若干个玻璃球连接起来，用于有机制备的回流，适用于各种沸点的液体。球形冷凝管的缺点是冷凝后的液体凝固后容易卡在玻璃球中。由于进水口水压较高所以胶管容易脱落，使用时要用铁丝绑住。直形冷凝管一般是用于蒸馏，即在用蒸馏法分离物质时使用，而球形冷凝管一般用于反应装置，即在反应时考虑到反应物的蒸发流失而用球形冷凝管冷凝回流，使反应更彻底。

▌移液管

【概述】

移液管是用来准确移取一定体积的溶液的量器。移液管是一根中间有一膨大部分的细长玻璃管。其下端为尖嘴状，上端管颈处刻有一条标线，是所移取的准确体积的标志。常用的移液管有5毫升、10毫升、25毫升、50毫升等规格。通常又把具有刻度的直形玻璃管称为吸量管。常用的吸量管有1毫升、2毫升、5毫升、10毫升等规格。移液管和吸量管所移取的体积通常可准确到0.01毫升。

【使用方法】

使用移液管前，应先用铬酸洗液润洗，以除去管内壁的油污。然后用自来水冲洗残留的洗液，再用蒸馏水洗净。洗净后的移液管内壁应不挂水珠。移取溶液前，应先用滤纸将移液管末端内外的水吸干，然后用欲移取的溶液涮洗管壁2~3次，以确保所移取溶液的浓度不变。

移取溶液时，用右手的大拇指和中指、小指捏着移液管颈的上方，将其末端插入溶液中，左手拿洗耳球，先把球中空气压出，再将球的尖嘴接在移液管上口，慢慢松开压扁的洗耳球使溶液吸入管内。当液面升高到刻线以上时，移去洗耳球，立即用右手食指堵住上口。将移液管提出液面，使其保持垂直，同时末端靠在容器的内壁上，为此可使容器略倾斜，然后略为放松食指，并轻轻捻动管身，使液面缓慢下降，当溶液的弯月面下沿恰与刻线相切时，立即用食指压紧上口，使溶液不再流出。将移液管取出并插入承接容器中。为保持其垂直并使末端靠在容器内壁，可使承接容器略倾斜。松开食指，让管内溶液自然地全部沿容器壁流下。全部溶液流完后需等15秒后再拿出移液管，以便使附着在管壁的部分溶液得以流出。如果移液管未标明"吹"字，则残留在管尖末端内的溶液不可吹出，因为移液管所标定的量出容积中并未包括这部分残留溶液。

【注意事项】

（1）移液管（吸量管）不应在烘箱中烘干。

（2）移液管（吸量管）不能移取太热或太冷的溶液。

（3）同一实验中应尽可能使用同一支移液管。

（4）移液管在使用完毕后，应立即用自来水及蒸馏水冲洗干净，置于移液管架上。

（5）移液管和容量瓶常配合使用，因此在使用前常做两者的相对体积校准。

（6）在使用吸量管时，为了减少测量误差，每次都应从最上面刻度

（0 刻度）处为起始点，往下放出所需体积的溶液，而不是需要多少体积就吸取多少体积。

溶　液

　　溶液是由至少两种物质组成的均一、稳定的混合物，被分散的物质（溶质）以分子或更小的质点分散于另一物质（溶剂）中。物质在常温时有固体、液体和气体 3 种状态。因此溶液也有 3 种状态。一般溶液只是专指液体溶液。液体溶液包括两种，即能够导电的电解质溶液和不能导电的非电解质溶液。

吸量管的分类

　　吸量管的全称是"分度吸量管"，又称为刻度移液管，它是带有分度线的量出式玻璃量器。用于移取非固定量的溶液。吸量管可分为以下 4 类：

　　（1）完全流出式吸量管，它的任意一分度线的容量定义为：在 20℃时，从零线排放到该分度线所流出 20℃水的体积。

　　（2）不完全流出式吸量管。这类吸量管的任一分度线相应的容量定义为：20℃时，从零线排放到该分度线所流出的 20℃水的体积。

　　（3）完全流出式吸量管。这类吸量管的容量定义为：在 20℃时，从分度线排放到流液口时所流出 20℃水的体积。

　　（4）吹出式吸量管。这类吸量管流速较快，且不规定等待时间。有零点在上和零点在下两种形式，均为完全流出式。吹出式吸量管的任意一分度线的容量定义为：在 20℃时，从该分度线排放到流液口（指零点在下）所流出的或从零线排放到该分度线（指零点在上）所流出的 20℃水的体积。

比色管

【概述】

比色管是化学实验中用于目视比色分析实验的主要仪器，可用于粗略测量溶液浓度。

比色管外型与普通试管相似，但比试管多一条精确的刻度线并配有橡胶塞或玻璃塞，且管壁比普通试管薄，常见规格有 10 毫升、25 毫升、50 毫升 3 种。

使用方法如下：

用滴定管将标准溶液分别滴入几支比色管中，且每支比色管滴入的标准溶液体积不同（假设分别为 X1，X2，X3，…），再用滴管向每支比色管中加蒸馏水至刻度线处，

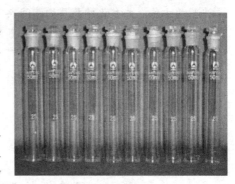

比色管

盖上塞子后振荡摇匀，这样就可以根据标准液以及滴定管滴入每支比色管的标准液体积计算出每支比色管中溶液的浓度。这时将待测溶液装入另一支比色管中，再将装待测溶液的比色管与之前所配制的标准溶液进行比色（比色即为将颜色进行对比），即可粗略得出待测溶液的浓度。

比色时一次只将装待测溶液的比色管与一支装标准溶液的比色管进行对比，对比时将两支比色管置于光照程度相同的白纸前面，用肉眼观察颜色差异。

【注意事项】

（1）比色管不是试管，不能加热，且比色管管壁较薄，要轻拿轻放。

（2）同一比色实验中要使用同样规格的比色管。

（3）清洗比色管时不能用硬毛刷刷洗，以免磨伤管壁影响透光度。

（4）比色时一次只拿两支比色管进行比较且光照条件要相同。

知识点

比色分析

比色分析是一种仪器分析方法，使某种光线分别透过标准溶液和被测溶液而比较两者颜色的强度，从而确定被测物质在溶液中含量或浓度的方法。许多化学物质的溶液具有颜色（无色的化合物也可以加显色剂经反应生成有色物质），当有色溶液的溶度改变时，颜色的深浅也随之改变，浓度愈大，颜色愈深。因此，可以用比较溶液颜色深浅的方法来测定有色溶液的浓度。

延伸阅读

比色分析与微量组分

比色分析具有简单、快速、灵敏度高等特点，广泛应用于微量组分的测定，通常测定含量在 $10^{-1} \sim 10^{-4}$ mg/L 的痕量组分。近年来采用了新的特效有机显色剂和络合掩蔽剂，可以经分离而直接进行比色测定。比色分析如同其他仪器分析一样，也具有相对误差较大（一般为 1% ~ 5%）的缺点。但对于微量组分测定来说，由于绝对误差很小，测定结果也是令人满意的。在现代仪器分析中，有 60% 左右采用或部分采用了这种分析方法。在医学学科中，比色分析也被广泛应用于药物分析、卫生分析、生化分析、冶炼地质勘测中的物质分析、环境污染中的水质分析等方面。

▌ 量 筒

【概述】

量筒是用来量取液体的一种玻璃仪器，一般有 10 毫升、25 毫升、50 毫升、100 毫升、200 毫升、1 000 毫升等规格。

【注意事项】

（1）向量筒里注入液体时，应用左手拿住量筒，使量筒略倾斜，右手拿试剂瓶，使瓶口紧挨着量筒口，使液体缓缓流入。待注入的量比所需要的量稍少时，把量筒放平，改用胶头滴管滴加到所需要的量。

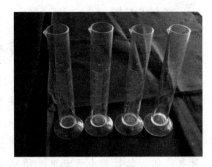

量　筒

（2）注入液体后，等1～2分钟，使附着在内壁上的液体流下来，再读出刻度值。否则，读出的数值偏小。

（3）读所取液体的体积数时，应把量筒放在平整的桌面上，观察刻度时，视线与量筒内液体的凹液面的最低处保持水平，再读出所取液体的体积数。否则，读数会偏高或偏低。

（4）量筒面的刻度是指温度在20℃时的体积数。温度升高，量筒发生热膨胀，容积会增大。由此可知，量筒是不能加热的，也不能用于量取过热的液体，更不能在量筒中进行化学反应或配制溶液。

（5）量筒一般只能用于要求不是很严格时使用，通常可以应用于定性分析方面，定量分析是不能使用量筒进行的。

知识点

定性分析

定性分析就是对研究对象进行"质"的方面的分析。具体地说是运用归纳和演绎、分析与综合以及抽象与概括等方法，对获得的各种材料进行思维加工，从而能去粗取精、去伪存真、由此及彼、由表及里，达到认识事物本质、揭示内在规律。在化学中，定性分析的主要任务是确定物质的组分，只有确定物质的组成后，才能选择适当的分析方法进行定量分析，如果只是为了检测某种离子或元素是否存在，为分别分析；如果需要经过一系列反应去除其他干扰离子、元素或要求了解有哪些其他离子、元素存在，则为系统分析。

延伸阅读

自制量筒

　　将大号葡萄糖注射器拔去中间的推芯，套针尖嘴以熔化的聚乙烯（洗净的食品袋）封死压平。剪取一块厚泡沫塑料板，中间掏一比针筒直径稍小的不透的圆槽。针筒的尖嘴一端切面打毛，用黏合剂粘在泡沫塑料板上的圆槽里，而尖嘴正好插进泡沫塑料不露出来。可利用针筒上原有刻度，量取液体。如针筒上无刻度，用标准量筒或滴定管校准后刻划出刻度。

集气瓶

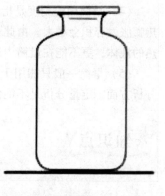

集气瓶

【概述】

　　集气瓶是一种广口玻璃容器，瓶口平面磨砂，能跟毛玻璃保持严密接触，不易漏气。用于收集气体、装配洗气瓶和进行物质跟气体之间的反应。

　　集气瓶主要集气方法分为排水法，向上排空气法和向下排空气法。

　　排水法：将集气瓶中灌满水倒扣在水槽中，将导管插入集气瓶中，待瓶中水全部排空后盖上毛玻璃片取出。

　　排水法集气只适用于不溶于水或微溶于水的气体。

　　向上排空气法：将干燥、洁净的空集气瓶瓶口向上正放在实验桌面上，将导管伸入集气瓶底部，开始收集气体。进行一段时间后，可以进行验满的实验。

　　向下排空气法：向下排空气法用于收集密度小于空气密度的气体，如收集氢气。

【注意事项】

　　（1）不能用于加热。如果物质与气体是放热反应，集气瓶内应放适量水或铺一层细沙。

（2）物质在集气瓶中燃烧时要在瓶底铺细沙或水，以防炸裂。部分物质燃烧只能用沙土不能用水，如钠，溅落的钠与水反应放出氢气，被点燃后易爆炸。

（3）如果燃烧生成物包含有污染的气体或烟雾需要进行处理，如红磷燃烧后盖上玻璃片，防止五氧化二磷烟刺激呼吸道；硫燃烧后产生二氧化硫，瓶底要放氢氧化钠溶液进行吸收。

毛玻璃

毛玻璃即磨砂玻璃，就是用金刚砂等磨过或以化学方法处理过，表面粗糙的半透明玻璃。在化学实验中，用毛玻璃片是为了保证毛玻璃与集气瓶接触更为紧密。因为集气瓶的瓶口也是磨砂的，用毛玻璃平时也应用磨砂的这一面，这样收集的气体就不容易外漏了。

氧气、二氧化碳集满实验

将干燥、洁净的空集气瓶瓶口向上正放在实验桌面上，将导管伸入集气瓶底部，开始收集气体。进行一段时间后，可以进行验满的实验：

氧气：将带火星的木条（火柴）放在瓶口，若木条（火柴）复燃，则说明瓶内氧气已满；二氧化碳：将带火焰的木条（火柴）放在瓶口，若木条（火柴）熄灭，则说明瓶内二氧化碳已满。

酒精灯

【概述】

以酒精为燃料的加热工具，用于加热物体。酒精灯的加热温度400℃ ~

500℃，适用于温度不需太高的实验，特别是在没有煤气设备时经常使用。

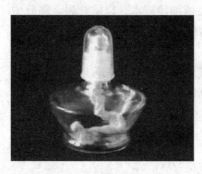

酒精灯

正常使用的酒精灯火焰应分为焰心、内焰和外焰3部分。酒精灯火焰温度的高低顺序为：外焰＞内焰＞焰心。一般认为酒精灯的外焰温度最高，其原因是酒精蒸汽在外焰燃烧最充分，同时由于外焰与外界大气充分接触，燃烧时与环境的能量交换最容易，热量散失最多，致使外焰温度高于内焰。

【使用注意】

（1）新购置的酒精灯应首先配置灯芯。灯芯通常是用多股棉纱线拧在一起，插进灯芯瓷套管中。灯芯不要太短，一般浸入酒精后还要长4～5厘米。对于旧灯，特别是长时间未用的灯，在取下灯帽后，应提起灯芯瓷套管，用洗耳球或嘴轻轻地向灯内吹一下，以赶走其中聚集的酒精蒸气。再放下套管检查灯芯，若灯芯不齐或烧焦都要用剪刀修整为平头等长。

（2）新灯或旧灯壶内酒精少于其容积1/2的都应添加酒精。酒精不能装得太满，以不超过灯壶容积的2/3为宜（酒精量太少则灯壶中酒精蒸气过多，易引起爆燃；酒精量太多则受热膨胀，易使酒精溢出，发生事故）。添加酒精时一定要借助个小漏斗，以免将酒精洒出。燃着的酒精灯，若需添加酒精，必须熄灭火焰。绝不允许燃着时加酒精，否则，很易着火，造成事故。

（3）新灯加完酒精后须将新灯芯放入酒精中浸泡，而且移动灯芯套管使每端灯芯都浸透，然后调好其长度，才能点燃。因为未浸过酒精的灯芯，一经点燃就会烧焦。

（4）绝不可用燃着的酒精灯对火，否则，易将酒精洒出，引起火灾。

（5）加热时若无特殊要求，一般用温度最高的外焰来加热器具。加热的器具与灯焰的距离要合适，过高或过低都不正确。与灯焰的距离通常用灯的垫木或铁环的高低来调节。被加热的器具必须放在支撑物（三脚架、铁环等）上或用坩埚钳、试管夹夹持，绝不允许手拿仪器加热。

（6）加热完毕或要添加酒精需熄灭灯焰时，可用灯帽将其盖灭。如果是玻璃灯帽，盖灭后需再重盖一次，放走酒精蒸气，让空气进入，免得冷却后盖内造成负压使盖打不开；如果是塑料灯帽，则不用盖两次，因为塑料灯帽的密封性不好。绝不允许用嘴吹灭。

（7）酒精易挥发、易燃，使用酒精灯时必须注意安全。万一洒出的酒精在灯外燃烧，不要慌张，可用湿抹布或砂土扑灭。

知识点

洗耳球

洗耳球也称做吸耳球、吹尘球、皮老虎、皮吹子，是一种橡胶为材质的工具仪器，底部是球形气囊，顶部是细管状气嘴，用于快速将大量气体吸入排出。洗耳球最初用于医院治疗耳部疾病，游泳后吸取耳内的进水。现在一般多用于吹走怕湿物体上的灰尘。在实验室内，洗耳球主要用于吸量管定量抽取液体，还可以把密闭容器里的粉末状物质吹散。此外，洗耳球还用在很多场合：手表、精密仪器修理用来清洗部件；吹走摄影镜头表面的灰尘等。

延伸阅读

自制酒精灯

将多根素瓷绝缘套管（可从旧电器上拆卸）拼凑一起，使其外围径稍小于墨水瓶口内径。用细铜丝缠绕多圈，特别是上部要多缠一点，以便能卡在墨水瓶口掉不下去。以缝衣细针一根一根向素瓷套管里穿棉纱，把上面各套管穿出的棉纱缠绕在一起以纱系住，剪去过长的部分，放入墨水瓶里，用截去上口部的片剂药瓶做灯帽。这样一只简单的酒精灯制成了。如果没有素瓷绝缘套管，可以细玻璃管代替。

容量瓶

【概述】

容量瓶是一种细颈梨形平底瓶，由无色或棕色玻璃制成，带有磨口玻

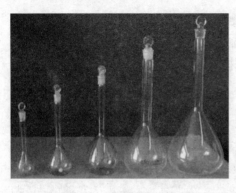

容量瓶

璃塞或塑料塞。颈上刻有一环形标的是量入式量器，表示在所指温度下（一般为20℃）液体充满至标线时的容积。容量瓶的用途是配制准确精度的溶液或定量的稀释溶液。该量瓶常和移液管配合使用。以把某种物质分为若干等份。通常有 25 毫升、50 毫升、100 毫升、250 毫升、500 毫升、1 000 毫升等数种规格，实验中常用的是 100 毫升和 250 毫升的容量瓶。

【使用注意】

（1）查看容量瓶容积与所要求的是否一致。

（2）检查瓶塞是否严密，不漏水。在瓶中放水到标线附近，塞紧瓶塞，使其倒立 2 分钟，用干滤纸片沿瓶口缝处检查，看有无水珠渗出。如果不漏，再把塞子旋转 180°，塞紧，倒置，试验这个方向有无渗漏。这样做两次检查是必要的，因为有时瓶塞与瓶口，不是在任何位置都是密合的。

（3）用容量瓶配制标准溶液时，先将精确称重的试样放在小烧杯中，加入少量溶剂，搅拌使其溶解（若难溶，可盖上表皿，稍加热，但必须放冷后才能转移）。沿搅棒用转移沉淀的操作将溶液定量地移入洗净的容量瓶中，然后用洗瓶吹洗烧杯壁 2 ~ 3 次，按同法转入容量瓶中。当溶液加到瓶中 2/3 处以后，将容量瓶水平方向摇转几周（勿倒转），使溶液大体混匀。然后，把容量瓶平放在桌子上，慢慢加水到距标线 2 ~ 3 厘米，等待 1 ~ 2 分钟，使粘附在瓶颈内壁的溶液流下，用胶头滴管伸入瓶颈接近液面处，眼睛平视标线，加水至溶液凹液面底部与标线相切。立即盖好瓶塞，用一只手的食指按住瓶塞，另一只手的手指托住瓶底，注意不要用手掌握住瓶身，以免体温使液体膨胀，影响容积的准确（对于容积小于 100 毫升的容量瓶，不必托住瓶底）。随后将容量瓶倒转，使气泡上升到顶，此时可将瓶振荡数次。再倒转过来，仍使气泡上升到顶。如此反复 10 次以上，才能混合均匀。

（4）容量瓶不能久贮溶液，尤其是碱性溶液会侵蚀瓶壁，并使瓶塞粘住，无法打开。

（5）容量瓶不能加热。

（6）向容量瓶内加入的液体液面离标线 1 厘米左右时，应改用滴管小心滴加，最后使液体的弯月面与标线正好相切。

（7）不能在容量瓶里进行溶质的溶解，应将溶质在烧杯中溶解后转移到容量瓶里。

（8）用于洗涤烧杯的溶剂总量不能超过容量瓶的标线。

（9）容量瓶不能进行加热。如果溶质在溶解过程中放热，要待溶液冷却后再进行转移，因为温度升高瓶体将膨胀，所量体积就会不准确。

（10）容量瓶用毕应及时洗涤干净，塞上瓶塞，并在塞子与瓶口之间夹一条纸条，防止瓶塞与瓶口粘连。

知识点

洗　瓶

洗瓶是化学实验室中用于装纯水的一种容器，并配有发射细液流的装置。常用的有吹出型和挤压型两种。吹出型由平底玻璃烧瓶和瓶口装置一短吹气管和长的出水管组成；挤压型由塑料细口瓶和瓶口装置出水管组成。洗瓶用于溶液的定量转移和沉淀的洗涤和转移。

延伸阅读

标准溶液的配制

配制方法有两种，一种是直接法，即准确称量基准物质，溶解后定容至一定体积；另一种是标定法，即先配制成近似需要的浓度，再用基准物质或用标准溶液来进行标定。已知准确浓度的溶液，在容量分析中用做滴定剂，以滴定被测物质。如果试剂符合基准物质的要求（组成与化学式相符、纯度高、稳定），可以直接配制标准溶液，即准确称出适量的基准物质，溶解后配制在一定体积的容量瓶内。如果试剂不符合基准物质的要求，则先配成近似于所需浓度的溶液，然后再用基准物质准确地测定其浓度。

胶头滴管

胶头滴管

【概述】

胶头滴管又称胶帽滴管，它是用于吸取或滴加少量液体试剂的一种仪器。胶头滴管由胶帽和玻璃滴管组成。有直形及弯形、有缓冲球等几种形式。胶头滴管的规格以管长表示，常用为90毫米、100毫米两种。

【注意事项】

（1）握持方法是用中指和无名指夹住玻璃管部分以保持稳定，用拇指和食指挤压胶头以控制试剂的吸入或滴加量。

（2）胶头滴管加液时，不能伸入容器，更不能接触容器。

（3）不能倒置，也不能平放于桌面上。应插入干净的瓶中或试管内。

（4）用完之后，立即用水洗净。严禁未清洗就吸取另一试剂。

（5）胶帽与玻璃滴管要结合紧密不漏气，若胶帽老化，要及时更换。

（6）胶头滴管向试管内滴加有毒或有腐蚀性的液体时，该滴管尖端允许接触试管内壁。

 **知识点**

滴　管

滴管是吸取或加少量试剂，以及吸取上层清液，分离出沉淀的一种仪器。滴管分胖肚滴管和常用滴管，均由橡皮乳头和尖嘴玻璃管构成。使用滴管滴加时，滴管要保持垂直于容器正上方，避免倾斜，切忌倒立，不可伸入容器内部，不可触碰到容器壁。除吸取溶液外，管尖不能接触其他器物，以免被杂质沾污。

延伸阅读

自制滴管

剪取约4厘米长的橡皮管（或乳胶管）一段，一端配上带尖嘴的玻璃管，另一端塞上1厘米长一小段玻棒，中间留2厘米长的空间就做成一支滴管了。

研　钵

【概述】

研钵就是实验中研碎实验材料的容器，配有钵杆，常用的为瓷制品，也有玻璃、玛瑙、氧化铝、铁的制品。用于研磨固体物质或进行粉末状固体的混和。其规格用口径的大小表示。

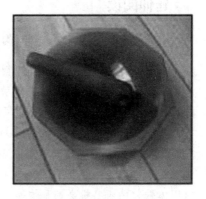

玛瑙研钵

【注意事项】

（1）按被研磨固体的性质和产品的粗细程度选用不同质料的研钵。一般情况用瓷制或玻璃制研钵，研磨坚硬的固体时用铁制研钵，需要非常仔细地研磨较少的试样时用玛瑙或氧化铝制的研钵。注意，玛瑙研钵价格昂贵，使用时应特别小心，不能研磨硬度过大的物质，不能与氢氟酸接触。

（2）进行研磨操作时，研钵应放在不易滑动的物体上，研杵应保持垂直。大块的固体只能压碎，不能用研杵捣碎，否则会损坏研钵、研杵或将固体溅出。易爆物质只能轻轻压碎，不能研磨。研磨对皮肤有腐蚀性的物质时，应在研钵上盖上厚纸片或塑料片，然后在其中央开孔，插入研杵后再行研磨，研钵中盛放固体的量不得超过其容积的1/3。

（3）研钵不能进行加热，尤其是玛瑙制品，切勿放入电烘箱中干燥。

（4）洗涤研钵时，应先用水冲洗，耐酸腐蚀的研钵可用稀盐酸洗涤。研钵上附着难洗涤的物质时，可向其中放入少量食盐，研磨后再进行洗涤。

知识点

玛瑙研钵

玛瑙研钵是由天然玛瑙制作而成，主要用于化验室、制药厂、化工实验室的高级研磨用，耐压强度高、耐酸碱。研磨后不会有任何乳钵本体物质混入被研磨物中。

延伸阅读

陶瓷研钵

陶瓷研钵的底面是一个半球面，坚硬、耐磨且十分光滑，陶瓷研钵的动力来自于慢转速的减速电机驱动。陶瓷研棒的棒头也是一个半球面，研棒的中心线与研钵中心线相交成一个比较合适的倾斜角度。研棒伸入研钵内，研棒内设置了压缩弹簧，棒头在弹簧的作用下与研钵底部紧紧贴在在一起。研棒被快转速的减速电机驱动，做类似于锥形体锥面轨迹的转动。这种运动，对粗颗粒形成了一种巧妙的碾压式研磨。由于这种研磨运动，对固体颗粒的研磨机会都是均等的，所以微粉的粒度非常均匀。